DETECCIÓN EN EL INTERIOR DE UN ESTADO DE MATERIAL NUCLEAR Y OTRO MATERIAL RADIACTIVO NO SOMETIDO A CONTROL REGLAMENTARIO

Los siguientes Estados son Miembros del Organismo Internacional de Energía Atómica:

ALBANIA
ALEMANIA
ANGOLA
ANTIGUA Y BARBUDA
ARABIA SAUDITA
ARGELIA
ARGENTINA
ARMENIA
AUSTRALIA
AUSTRIA
AZERBAIYÁN
BAHAMAS
BAHREIN
BANGLADESH
BARBADOS
BELARÚS
BÉLGICA
BELICE
BENIN
BOLIVIA, ESTADO PLURINACIONAL DE
BOSNIA Y HERZEGOVINA
BOTSWANA
BRASIL
BRUNEI DARUSSALAM
BULGARIA
BURKINA FASO
BURUNDI
CABO VERDE
CAMBOYA
CAMERÚN
CANADÁ
COLOMBIA
COMORAS
CONGO
COREA, REPÚBLICA DE
COSTA RICA
CÔTE D'IVOIRE
CROACIA
CUBA
CHAD
CHILE
CHINA
CHIPRE
DINAMARCA
DJIBOUTI
DOMINICA
ECUADOR
EGIPTO
EL SALVADOR
EMIRATOS ÁRABES UNIDOS
ERITREA
ESLOVAQUIA
ESLOVENIA
ESPAÑA
ESTADOS UNIDOS DE AMÉRICA
ESTONIA
ESWATINI
ETIOPÍA
FEDERACIÓN DE RUSIA
FIJI
FILIPINAS
FINLANDIA
FRANCIA
GABÓN
GAMBIA
GEORGIA
GHANA
GRANADA
GRECIA
GUATEMALA
GUINEA
GUYANA
HAITÍ
HONDURAS
HUNGRÍA
INDIA
INDONESIA
IRÁN, REPÚBLICA ISLÁMICA DEL
IRAQ
IRLANDA
ISLANDIA
ISLAS COOK
ISLAS MARSHALL
ISRAEL
ITALIA
JAMAICA
JAPÓN
JORDANIA
KAZAJSTÁN
KENYA
KIRGUISTÁN
KUWAIT
LESOTHO
LETONIA
LÍBANO
LIBERIA
LIBIA
LIECHTENSTEIN
LITUANIA
LUXEMBURGO
MACEDONIA DEL NORTE
MADAGASCAR
MALASIA
MALAWI
MALÍ
MALTA
MARRUECOS
MAURICIO
MAURITANIA
MÉXICO
MÓNACO
MONGOLIA
MONTENEGRO
MOZAMBIQUE
MYANMAR
NAMIBIA
NEPAL
NICARAGUA
NÍGER
NIGERIA
NORUEGA
NUEVA ZELANDIA
OMÁN
PAÍSES BAJOS, REINO DE LOS
PAKISTÁN
PALAU
PANAMÁ
PAPUA NUEVA GUINEA
PARAGUAY
PERÚ
POLONIA
PORTUGAL
QATAR
REINO UNIDO DE GRAN BRETAÑA E IRLANDA DEL NORTE
REPÚBLICA ÁRABE SIRIA
REPÚBLICA CENTROAFRICANA
REPÚBLICA CHECA
REPÚBLICA DE MOLDOVA
REPÚBLICA DEMOCRÁTICA DEL CONGO
REPÚBLICA DEMOCRÁTICA POPULAR LAO
REPÚBLICA DOMINICANA
REPÚBLICA UNIDA DE TANZANÍA
RUMANIA
RWANDA
SAINT KITTS Y NEVIS
SAMOA
SAN MARINO
SAN VICENTE Y LAS GRANADINAS
SANTA LUCÍA
SANTA SEDE
SENEGAL
SERBIA
SEYCHELLES
SIERRA LEONA
SINGAPUR
SOMALIA
SRI LANKA
SUDÁFRICA
SUDÁN
SUECIA
SUIZA
TAILANDIA
TAYIKISTÁN
TOGO
TONGA
TRINIDAD Y TABAGO
TÚNEZ
TURKMENISTÁN
TÜRKİYE
UCRANIA
UGANDA
URUGUAY
UZBEKISTÁN
VANUATU
VENEZUELA, REPÚBLICA BOLIVARIANA DE
VIET NAM
YEMEN
ZAMBIA
ZIMBABWE

El Estatuto del Organismo fue aprobado el 23 de octubre de 1956 en la Conferencia sobre el Estatuto del OIEA celebrada en la Sede de las Naciones Unidas (Nueva York); entró en vigor el 29 de julio de 1957. El Organismo tiene la Sede en Viena. Su principal objetivo es "acelerar y aumentar la contribución de la energía atómica a la paz, la salud y la prosperidad en el mundo entero".

COLECCIÓN DE SEGURIDAD FÍSICA NUCLEAR DEL OIEA
Nº 47-T

DETECCIÓN EN EL INTERIOR DE UN ESTADO DE MATERIAL NUCLEAR Y OTRO MATERIAL RADIACTIVO NO SOMETIDO A CONTROL REGLAMENTARIO

ORIENTACIONES TÉCNICAS

CON EL PATROCINIO CONJUNTO DE LA
AGENCIA DE LA UNIÓN EUROPEA PARA LA COOPERACIÓN POLICIAL, EL INSTITUTO INTERREGIONAL DE LAS NACIONES UNIDAS PARA INVESTIGACIONES SOBRE LA DELINCUENCIA Y LA JUSTICIA, LA OFICINA DE LAS NACIONES UNIDAS CONTRA LA DROGA Y EL DELITO, LA OFICINA DE LAS NACIONES UNIDAS DE LUCHA CONTRA EL TERRORISMO, EL ORGANISMO INTERNACIONAL DE ENERGÍA ATÓMICA Y LA ORGANIZACIÓN INTERNACIONAL DE POLICÍA CRIMINAL-INTERPOL

ORGANISMO INTERNACIONAL DE ENERGÍA ATÓMICA
VIENA, 2025

DERECHOS DE AUTOR

Impreso por el OIEA en Austria
Marzo de 2025
STI/PUB/2084
https://doi.org/10.61092/iaea.2nzd-8c4d

DETECCIÓN EN EL INTERIOR DE UN ESTADO DE MATERIAL NUCLEAR Y OTRO MATERIAL RADIACTIVO NO SOMETIDO A CONTROL REGLAMENTARIO
OIEA, VIENA, 2025
STI/PUB/2084
ISBN 978-92-0-327624-5 (papel) | ISBN 978-92-0-328124-9 (PDF) | ISBN 978-92-0-328224-6 (EPUB)
ISSN 2521-1803

PRÓLOGO

Rafael Mariano Grossi
Director General

La *Colección de Seguridad Física Nuclear del OIEA* proporciona orientaciones consensuadas a nivel internacional sobre todos los aspectos de la seguridad física nuclear para apoyar a los Estados en su empeño por cumplir sus responsabilidades en esta esfera. El OIEA establece y mantiene actualizadas estas orientaciones como parte de su función central de prestar apoyo y ejercer labores de coordinación en la esfera de la seguridad física nuclear a escala internacional.

La *Colección de Seguridad Física Nuclear del OIEA* se inició en 2006 y el OIEA la actualiza constantemente en cooperación con expertos de los Estados Miembros. En mi calidad de Director General, me comprometo a garantizar que el OIEA mantenga y mejore este conjunto integrado, exhaustivo y coherente de publicaciones de orientaciones sobre seguridad física de alta calidad, actualizadas, fáciles de usar y adecuadas a su finalidad. La correcta aplicación de estas orientaciones en el uso de la ciencia y la tecnología nucleares debería ofrecer un alto nivel de seguridad física nuclear y brindar la confianza necesaria para posibilitar el uso continuo de la tecnología nuclear en beneficio de todos.

La seguridad física nuclear es una responsabilidad nacional. La *Colección de Seguridad Física Nuclear del OIEA* complementa los instrumentos jurídicos internacionales sobre seguridad física nuclear y sirve de referencia mundial para ayudar a las partes a cumplir sus obligaciones. Si bien las orientaciones sobre seguridad física no son jurídicamente vinculantes para los Estados Miembros, se aplican ampliamente. Se han convertido en un punto de referencia indispensable y en un denominador común para la inmensa mayoría de los Estados Miembros que han adoptado estas orientaciones para utilizarlas en la reglamentación nacional con el objetivo de mejorar la seguridad física nuclear en la generación de energía nucleoeléctrica, los reactores de investigación y las instalaciones del ciclo del combustible, así como en las aplicaciones nucleares en la medicina, la industria, la agricultura y la investigación.

Las orientaciones que figuran en la *Colección de Seguridad Física Nuclear del OIEA* se basan en la experiencia práctica de sus Estados Miembros y se elaboran mediante consenso internacional. La participación de los miembros del Comité de Orientación sobre Seguridad Física Nuclear y de otras personas es especialmente importante, y doy las gracias a todas las personas que aportan sus conocimientos y experiencias a esta labor.

El OIEA también utiliza las orientaciones que figuran en la *Colección de Seguridad Física Nuclear del OIEA* cuando presta asistencia a los Estados

Miembros mediante sus misiones de examen y servicios de asesoramiento. Esto ayuda a los Estados Miembros en la aplicación de estas orientaciones y permite el intercambio de experiencias y conocimientos valiosos. Las observaciones recibidas sobre estas misiones y servicios, así como las enseñanzas extraídas de los eventos y la experiencia en el uso y la aplicación de las orientaciones sobre seguridad física, se tienen en cuenta durante su revisión periódica.

Estoy convencido de que las orientaciones que figuran en la *Colección de Seguridad Física Nuclear del OIEA* y su aplicación son una aportación inestimable para garantizar un alto nivel de seguridad física nuclear en el uso de la tecnología nuclear. Animo a todos los Estados Miembros a que promuevan y apliquen estas orientaciones, y a que colaboren con el OIEA para mantener su calidad en el presente y en el futuro.

NOTA EDITORIAL

Las orientaciones publicadas en la Colección de Seguridad Física Nuclear del OIEA no son vinculantes para los Estados; no obstante, los Estados pueden servirse de ellas como ayuda para cumplir sus obligaciones en virtud de los instrumentos jurídicos internacionales, así como para cumplir sus responsabilidades en materia de seguridad física nuclear en el Estado.

Las orientaciones en las que se usan formas verbales condicionales tienen por fin presentar buenas prácticas internacionales e indicar un consenso internacional en el sentido de que es necesario que los Estados adopten las medidas recomendadas o medidas alternativas equivalentes.

Los términos relacionados con la seguridad física han de entenderse según las definiciones contenidas en la publicación en que aparecen o en las orientaciones más generales que la publicación concreta complementa. En los demás casos, las palabras se emplean con el significado que se les da habitualmente.

Los apéndices se consideran parte integrante de la publicación. El material que figura en un apéndice tiene la misma jerarquía que el texto principal. Los anexos se utilizan para dar ejemplos prácticos o facilitar información o explicaciones adicionales y no son parte integrante del texto principal.

Aunque se ha puesto gran cuidado en mantener la exactitud de la información contenida en esta publicación, ni el OIEA ni sus Estados Miembros asumen responsabilidad alguna por las consecuencias que puedan derivarse de su uso.

El uso de determinadas denominaciones de países o territorios no implica juicio alguno por parte de la entidad editora, el OIEA, sobre la situación jurídica de esos países o territorios, sus autoridades e instituciones o la delimitación de sus fronteras.

La mención de nombres de empresas o productos específicos (se indiquen o no como registrados) no implica ninguna intención de violar derechos de propiedad ni debe interpretarse como una aprobación o recomendación por parte del OIEA.

PREFACIO

La *Colección de Seguridad Física Nuclear del OIEA* proporciona recomendaciones y orientaciones que los Estados pueden utilizar para establecer, implementar y mantener sus regímenes nacionales de seguridad física nuclear.

En la publicación N° 15 de la *Colección de Seguridad Física Nuclear del OIEA*, titulada *Recomendaciones de seguridad física nuclear sobre materiales nucleares y otros materiales radiactivos no sometidos a control reglamentario*, se formulan recomendaciones para los Estados sobre la seguridad física nuclear del material nuclear u otro material radiactivo respecto del que se ha notificado que no está sometido a control reglamentario, así como sobre material perdido, desaparecido o robado, aunque no exista la notificación correspondiente al respecto, y sobre el material descubierto por cualquier otro medio. La publicación N° 15 de la *Colección de Seguridad Física Nuclear del OIEA* cuenta con el patrocinio conjunto del Instituto Interregional de las Naciones Unidas para Investigaciones sobre la Delincuencia y la Justicia (UNICRI), la Oficina de las Naciones Unidas contra la Droga y el Delito (UNODC), la Oficina Europea de Policía (Europol), el OIEA, la Organización de Aviación Civil Internacional (OACI), la Organización Internacional de Policía Criminal-INTERPOL (OIPC-INTERPOL) y la Organización Mundial de Aduanas (OMA).

La presente publicación ofrece orientaciones más detalladas sobre el cumplimiento de las recomendaciones formuladas en la publicación N° 15 de la *Colección de Seguridad Física Nuclear del OIEA*. Aborda los sistemas y medidas de detección en la esfera de la seguridad física nuclear en el interior de un Estado, prestando especial atención a la planificación de las operaciones de detección, el despliegue del equipo y el desarrollo de los recursos humanos.

Esta publicación cuenta con el patrocinio conjunto de la Agencia de la Unión Europea para la Cooperación Policial (Europol), el Instituto Interregional de las Naciones Unidas para Investigaciones sobre la Delincuencia y la Justicia (UNICRI), la Oficina de las Naciones Unidas contra la Droga y el Delito (UNODC), la Oficina de las Naciones Unidas de Lucha contra el Terrorismo (OLCT), el OIEA y la Organización Internacional de Policía Criminal-INTERPOL (OIPC-INTERPOL).

ÍNDICE

1. INTRODUCCIÓN

ANTECEDENTES

1.1. En el párrafo 3.10 de la publicación Nº 20 de la *Colección de Seguridad Física Nuclear del OIEA* [1], titulada *Objetivo y elementos esenciales del régimen de seguridad física nuclear de un Estado*, se señala lo siguiente:

> "Un *régimen de seguridad física nuclear* garantiza la existencia, a todos los niveles institucionales apropiados, de *sistemas de seguridad física nuclear* y *medidas de seguridad física nuclear* para detectar y evaluar *sucesos relacionados con la seguridad física nuclear* y para notificarlos a las *autoridades competentes* pertinentes de modo que se puedan poner en marcha las medidas de respuesta apropiadas, por ejemplo:
>
> [...]
>
> c) durante los *eventos públicos importantes* o en los *lugares estratégicos*, comprendidos los lugares donde se encuentre infraestructura crítica, que designe el Estado;
> d) durante la búsqueda, la recuperación o el descubrimiento de *materiales nucleares* u *otros materiales radiactivos* que se encuentren desaparecidos o perdidos o que no estén sometidos a *control reglamentario* por cualquier otro motivo;
> e) en el territorio del Estado o a bordo de sus buques o aeronaves, y en sus fronteras internacionales".

El interior de un Estado es la superficie comprendida dentro de las fronteras nacionales del Estado, e incluye las zonas urbanas y rurales, los centros y arterias de transporte, los aeropuertos nacionales y las aguas interiores.

1.2. En la publicación Nº 15 de la *Colección de Seguridad Física Nuclear del OIEA* [2], titulada *Recomendaciones de seguridad física nuclear sobre materiales nucleares y otros materiales radiactivos no sometidos a control reglamentario*, se formulan recomendaciones a los Estados sobre el establecimiento de medidas de prevención, detección y respuesta en relación con materiales nucleares y otros materiales radiactivos no sometidos a control reglamentario o el mejoramiento de las existentes. En la referencia [2] se formulan recomendaciones sobre la detección y la evaluación de alarmas de instrumentos y alertas informativas relacionadas con materiales nucleares u otros materiales radiactivos no sometidos a control reglamentario.

1.3. Sobre la base de esas recomendaciones, la publicación Nº 21 de la *Colección de Seguridad Física Nuclear del OIEA* [3], titulada *Sistemas y medidas de seguridad física nuclear para la detección de material nuclear y otro material radiactivo no sometido a control reglamentario*, describe la manera en que los Estados pueden desarrollar sistemas y medidas o mejorar los existentes a fin de detectar actos delictivos o actos intencionales no autorizados con repercusiones para la seguridad física nuclear con presencia de material nuclear y otro material radiactivo no sometido a control reglamentario.

1.4. Las publicaciones de la *Colección de Seguridad Física Nuclear del OIEA* Nº 24-G [4], titulada *Enfoque basado en el conocimiento de los riesgos en materia de medidas de seguridad física nuclear para los materiales nucleares y otros materiales radiactivos no sometidos a control reglamentario*, Nº 34-T [5], titulada *Planning and Organizing Nuclear Security Systems and Measures for Nuclear and Other Radioactive Material out of Regulatory Control*, y Nº 18 [6], titulada *Sistemas y medidas de seguridad física nuclear para grandes eventos públicos*, brindan orientaciones sobre sistemas y medidas relacionados con los materiales nucleares y otros materiales radiactivos no sometidos a control reglamentario.

OBJETIVO

1.5. El objetivo de esta publicación es ofrecer orientaciones detalladas sobre el desarrollo y la aplicación de sistemas y medidas para la detección en el interior de un Estado de material nuclear y otro material radiactivo no sometido a control reglamentario.

1.6. La publicación está concebida para que la utilicen las autoridades competentes que desempeñen alguna función en el diseño, la aplicación y el mantenimiento de sistemas y medidas de seguridad física nuclear en el interior de un Estado. Entre dichas autoridades pueden encontrarse los cuerpos del orden, las organizaciones nacionales de seguridad y las fuerzas de defensa, así como servicios médicos, servicios de emergencia, órganos reguladores y organizaciones de apoyo técnico y científico especializado.

ALCANCE

1.7. Esta publicación ofrece orientaciones sobre la planificación, la aplicación y la evaluación en un Estado de sistemas y medidas para detectar en el interior del Estado, mediante alarmas de instrumentos y alertas informativas, material nuclear y otro material radiactivo no sometido a control reglamentario. Las orientaciones abarcan la planificación de las operaciones de detección, el despliegue del equipo y el desarrollo de los recursos humanos.

1.8. La presente publicación no aborda los sistemas y medidas de detección en la esfera de la seguridad física nuclear en las fronteras estatales. De este tema trata la publicación Nº 44-T de la *Colección de Seguridad Física Nuclear del OIEA* [7], titulada *Detección en las fronteras estatales de material nuclear y otro material radiactivo no sometido a control reglamentario*, en la que se presta especial atención a los puntos de salida y/o de entrada designados, así como a las zonas fronterizas.

1.9. La presente publicación no abarca los sistemas y medidas relacionados con el material nuclear y otro material radiactivo sometido a control reglamentario, que se abordan en las publicaciones de la *Colección de Seguridad Física Nuclear del OIEA* Nº 13 [8], titulada *Recomendaciones de seguridad física nuclear sobre la protección física de los materiales y las instalaciones nucleares*, y Nº 14 [9], titulada *Recomendaciones de seguridad física nuclear sobre materiales radiactivos e instalaciones conexas*.

1.10. En términos generales, no entra dentro del alcance de esta publicación el análisis detallado de las actividades de respuesta, que se refiere a las situaciones en que se ha detectado material nuclear u otro material radiactivo y se ha declarado un suceso relacionado con la seguridad física. En esta publicación se abordan las relaciones pertinentes entre las actividades realizadas durante las operaciones de detección y las de respuesta, así como las medidas clave de preparación durante la detección que podrían repercutir en las actividades de respuesta. En la publicación Nº 37-G de la *Colección de Seguridad Física Nuclear del OIEA* [10], titulada *Elaboración de un marco nacional para la gestión de la respuesta a sucesos relacionados con la seguridad física nuclear*, se ofrecen más orientaciones sobre las actividades de respuesta relacionadas con la seguridad física nuclear.

1.11. En la publicación Nº GSR Part 7 de la *Colección de Normas de Seguridad del OIEA* [11], titulada *Preparación y respuesta para casos de emergencia nuclear o radiológica*, se brindan recomendaciones sobre la identificación y la notificación de una emergencia radiológica durante las actividades de detección y sobre la correspondiente activación de los planes de respuesta a emergencias.

ESTRUCTURA

1.12. En la sección 2 se brinda información sobre la detección en el interior de un Estado como parte de la arquitectura nacional de detección en la esfera de la seguridad física nuclear y se presentan los desafíos y oportunidades relacionados específicamente con la detección en el interior de un Estado, así como consideraciones en materia de capacitación. En la sección 3 se ofrecen orientaciones sobre el diseño y la implementación de operaciones de detección en el interior de un Estado. En las secciones 4 y 5 se describen las funciones que desempeñan la información y el equipo durante la realización de operaciones de detección en el interior de un Estado. En el anexo I se enumera el equipo de detección de radiación que puede utilizarse en las operaciones de detección. En el anexo II figura un ejemplo de modelo para elaborar un plan conjunto de operaciones de detección de material nuclear y otro material radiactivo no sometido a control reglamentario. En el anexo III se brinda información sobre la manera de gestionar las alertas informativas procedentes de la vigilancia médica con el fin de detectar actos delictivos o actos intencionales no autorizados relacionados con material no sometido a control reglamentario.

2. LA DETECCIÓN EN EL INTERIOR DE UN ESTADO COMO COMPONENTE DE LA ARQUITECTURA DE DETECCIÓN EN LA ESFERA DE LA SEGURIDAD FÍSICA NUCLEAR

2.1. En el párrafo 3.2 de la referencia [2] se indica lo siguiente:

> "Como parte de una estructura general, el Estado debería establecer y mantener marcos eficaces a nivel ejecutivo, judicial, legislativo y reglamentario que rijan la *detección* de actos delictivos o no autorizados con consecuencias para la seguridad física nuclear relacionados con materiales nucleares u otros *materiales radiactivos* no sometidos a *control reglamentario*, y la *respuesta* a ellos. Las responsabilidades relativas a la

aplicación de diversos elementos de la seguridad física nuclear deberían definirse claramente y asignarse a las *autoridades competentes* pertinentes".

2.2. En su estrategia de detección, un Estado debería definir cómo tiene previsto cumplir su misión de detección tanto en el interior del Estado como en las fronteras. En la referencia [5] se describe un proceso integrado de planificación de sistemas y medidas de seguridad física nuclear, y la publicación Nº 29-G de la *Colección de Seguridad Física Nuclear del OIEA* [12], titulada *Elaboración de reglamentos y medidas administrativas conexas de seguridad física nuclear*, contiene información adicional al respecto.

2.3. Cuando un Estado diseña y elabora su arquitectura nacional de detección en la esfera de la seguridad física nuclear, debería aplicar el principio de la defensa en profundidad y seguir un enfoque basado en distintos niveles, que incluya, "entre otros, [...], la adopción de medidas en los POE [puntos de salida y/o de entrada] al Estado, dentro del Estado y en otros Estados cooperantes, así como entre POE" [3]. Al aplicar la defensa en profundidad se debería considerar la posibilidad de incorporar no solo diversas ubicaciones para el equipo de detección (por ejemplo, en puntos fronterizos, en el interior del Estado, en ubicaciones transregionales), sino también una combinación de instrumentos de detección (es decir, sistemas de detección fijos, de mano y móviles), así como medidas de inspección física y otras medidas de defensa.

2.4. En la referencia [3] se presenta un enfoque basado en distintos niveles para diseñar la arquitectura de detección en la esfera de la seguridad física nuclear. En el párrafo 3.8 de la referencia [3], los tres niveles primarios se definen de la siguiente manera:

"— Exterior: abarca la arquitectura de detección en la esfera de la seguridad física nuclear en otros Estados; no obstante, este nivel debería tenerse en cuenta al diseñar la arquitectura nacional de detección en la esfera de la seguridad física nuclear.
— Transfronterizo: abarca las fronteras del Estado (tanto en los POE [puntos de salida y/o de entrada] como entre ellos) y los corredores de tránsito entre el Estado en cuestión y otros Estados.
— Interior: este nivel, que corresponde al Estado objetivo de la amenaza, constituye la última oportunidad para detectar y aprehender material nuclear y otro material radiactivo no sometido a control reglamentario antes de que pueda utilizarse en un acto delictivo o un acto no autorizado. La arquitectura nacional de detección en la esfera de la seguridad física nuclear se aplica en este nivel y en las fronteras nacionales".

2.5. En el párrafo 2.9 de la referencia [3] se señala que "[l]a estrategia de detección debería fundamentarse en un enfoque basado en el conocimiento de los riesgos y revisarse y actualizarse de acuerdo con los cambios en la evaluación de la amenaza". En la referencia [4] se presenta una metodología para evaluar amenazas, vulnerabilidades y consecuencias relacionadas con el material no sometido a control reglamentario. Un Estado debería utilizar la información obtenida de la evaluación de amenazas y del riesgo como base para orientar las operaciones de detección en el interior del Estado en la esfera de la seguridad física nuclear relacionadas con el material nuclear y otro material radiactivo no sometido a control reglamentario. Más concretamente, la evaluación debería ayudar a definir los lugares y las oportunidades vinculados con las actividades de inspección y detección (por ejemplo, rutas interiores de transporte, centros de transporte público). También podría servir de base para priorizar los lugares estratégicos y los posibles objetivos que han de protegerse mediante las operaciones de detección en el interior del Estado.

2.6. Es probable que los cuerpos del orden, las organizaciones nacionales de seguridad, los órganos reguladores y otras organizaciones que prestan servicios de emergencia[1] dispongan de sus propias estrategias basadas en el conocimiento de los riesgos para hacer frente a las amenazas típicas para la seguridad física y a los riesgos habituales. Por lo tanto, la evaluación de amenazas y del riesgo relacionada con el material nuclear y otro material radiactivo no sometido a control reglamentario debería coordinarse con las evaluaciones existentes de amenazas y del riesgo, así como con las estrategias de seguridad nacional y de respuesta a emergencias convencionales (por ejemplo, las estrategias contra el terrorismo o la delincuencia organizada o de contrainteligencia), e integrarse en ellas, tanto a nivel nacional como de las organizaciones.

2.7. Según el párrafo 3.12 de la referencia [2] (se omite la nota a pie de página), "[t]odas las actividades de seguridad física nuclear relacionadas con materiales nucleares u otros *materiales radiactivos* no sometidos a *control reglamentario* deberían estar coordinadas por un órgano o un mecanismo eficaz de conformidad con la legislación y los reglamentos nacionales". En el mecanismo de coordinación se debería incluir a todas las autoridades competentes que participen en las

[1] El servicio contra incendios u otros servicios de protección civil pueden intervenir en emergencias durante sus tareas habituales, antes de que se declare una emergencia nuclear o radiológica, o durante las respuestas a emergencias convencionales en las que no haya presencia de radiación.

actividades de detección en el interior de un Estado. Dicho mecanismo debería encargarse de lo siguiente:

a) respaldar el proceso de desarrollo y aplicación del nivel interior de la estrategia nacional de detección en la esfera de la seguridad física nuclear;
b) resolver posibles controversias entre las autoridades que participen en las actividades de detección;
c) velar por que las autoridades competentes reciban una capacitación adecuada;
d) establecer los mecanismos de sostenibilidad relacionados con la planificación de los recursos y la evaluación de las operaciones necesarios para garantizar la eficacia a largo plazo de las capacidades nacionales de detección;
e) establecer un mecanismo de intercambio de información operacional entre las autoridades competentes que participen en la detección en el interior del Estado, y
f) velar por que existan canales adecuados de intercambio de información con los organismos de vigilancia de las fronteras y las autoridades competentes de los países vecinos.

2.8. En el párrafo 3.18 de la referencia [3] se indica lo siguiente:

> "Los activos instalados, como los detectores y los centros de apoyo técnico y de análisis, deberían disponer de la capacidad para intercambiar datos exactos y oportunos. Una infraestructura de intercambio de datos eficaz debería combinar una conectividad eficaz (robusta, dotada de sistemas redundantes y con un ancho de banda suficiente) con unas normas o unos protocolos adecuados en materia de datos que permitan al destinatario comprender la información transmitida. Unos intercambios de datos eficaces también permiten obtener el conocimiento de las condiciones reales necesario".

2.9. La infraestructura de intercambio de datos debería incluir la comunicación bidireccional entre los distintos niveles (por ejemplo, estratégico, operacional y táctico) de una organización para garantizar que la información pertinente sobre las amenazas se transmita en todos los niveles. Antes de transmitir la información a otras organizaciones, dentro de la organización se deberían aclarar las diferencias de percepción de las amenazas y del riesgo en relación con el interior de un Estado.

2.10. En las operaciones de seguridad física nuclear participan múltiples organizaciones que tienen responsabilidades diferentes. Sus políticas y procedimientos a nivel organizativo deberían servir de base del nivel operacional de la arquitectura de detección en el interior del Estado. Como parte de una estrategia de seguridad física nuclear más amplia, podría elaborarse un plan conjunto de operaciones de detección en el interior del Estado de material nuclear y otro material radiactivo no sometido a control reglamentario. En dicho plan deberían participar todas las autoridades competentes y otras partes interesadas[2] que tengan funciones y responsabilidades en las actividades de detección en el interior del Estado. En el anexo II figura un ejemplo de modelo que indica los elementos que han incluirse en un plan de ese tipo.

DESAFÍOS Y OPORTUNIDADES RELACIONADOS CON LA DETECCIÓN EN EL INTERIOR DE UN ESTADO

2.11. La complejidad, el tamaño y las características geográficas de un Estado plantean desafíos específicos relacionados con la detección de material nuclear y otro material radiactivo no sometido a control reglamentario. Sin embargo, también crean oportunidades para hallar material nuclear y otro material radiactivo no sometido a control reglamentario y detectar actos delictivos o actos intencionales no autorizados relacionados con él. Los Estados deberían hacer frente a los desafíos y aprovechar las oportunidades existentes para desarrollar con eficacia y eficiencia el nivel interior de su arquitectura de detección en la esfera de la seguridad física nuclear.

2.12. En el interior de un Estado pueden tener lugar una gran variedad de actos delictivos o actos intencionales no autorizados relacionados con material nuclear u otro material radiactivo no sometido a control reglamentario, independientemente de que haya o no material nuclear u otro material radiactivo, dispositivos (es decir, dispositivos nucleares improvisados, dispositivos de dispersión radiactiva o dispositivos de exposición a la radiación) o adversarios que crucen las fronteras del Estado. Son actos de ese tipo la adquisición no autorizada de material, la posesión de material y/o dispositivos, la fabricación de dispositivos, el traslado de material y/o dispositivos y su uso doloso, las amenazas o tentativas de cometer un acto no autorizado y las estafas o los engaños con consecuencias para la seguridad física nuclear.

---

[2] Por "otras partes interesadas" se entienden las organizaciones que se ven afectadas por la arquitectura de detección o respecto de las cuales se espera que contribuyan a ella, pero que no tienen facultades oficiales o legales en materia de seguridad física nuclear. Puede tratarse de las organizaciones de los sectores público y privado que se definen en la ref. [3], por ejemplo, empresas privadas, operadores de instalaciones y otros usuarios de material nuclear y otro material radiactivo, instituciones académicas y de investigación o instituciones sanitarias privadas.

2.13. Los Estados deberían planificar y llevar a cabo operaciones de detección en el interior para prevenir, detectar e interceptar actos delictivos o actos intencionales no autorizados relacionados con material de origen nacional; material que se haya introducido de contrabando en el Estado; material que se esté trasladando por vías interiores (es decir, entre el punto interno de origen o el punto de entrada al Estado y el destino u objetivo); material en las proximidades de un objetivo (es decir, cerca de él, pero a una distancia suficiente para que el objetivo pueda ser protegido); y material en el objetivo. Los Estados deberían tener en cuenta que el material nuclear o radiactivo puede hallarse en diversos lugares del interior. Existen numerosas vías interiores por las que se podría trasladar material de forma no autorizada, así como numerosos objetivos posibles que podrían aprovechar los adversarios.

2.14. La manera más eficiente de detectar actos delictivos o actos intencionales no autorizados relacionados con material nuclear y otro material radiactivo no sometido a control reglamentario es integrar las medidas de seguridad física nuclear en los sistemas y medidas de seguridad existentes. En la sección 3 se aborda de manera detallada la integración de la seguridad física nuclear en las operaciones de seguridad habituales en el interior de un Estado.

2.15. El interior de los Estados suele ser muy extenso y no se puede abarcar en su totalidad con equipo de detección de radiación. La mayor parte del equipo de detección está diseñado para explorar una zona limitada concreta en condiciones controladas. Los recursos suelen ser limitados, por lo que, generalmente, los Estados concentran sus esfuerzos en desplegar equipo de detección de radiación para abarcar únicamente determinado número de vías o posibles objetivos. Para que el despliegue de equipo sea lo más eficaz posible, esas vías y posibles objetivos se deberían seleccionar aplicando un enfoque basado en el conocimiento de los riesgos. En la sección 4 se resume el proceso de recopilación, análisis y difusión de información para respaldar las operaciones de detección en el interior de un Estado.

2.16. En el interior de un Estado realizan operaciones un número considerable de autoridades competentes y otras partes interesadas, cada una de las cuales tiene una misión diferente, opera con arreglo a procedimientos que son específicos de su organización y, posiblemente, tiene un nivel diferente de conocimiento y experiencia práctica en materia de seguridad física nuclear. La división administrativa de un Estado tiene como resultado diferentes niveles y ámbitos de competencia (por ejemplo, federal, regional, local). Esta división también se ve reflejada en las autoridades competentes y las partes interesadas y puede causar dificultades de comunicación y coordinación.

2.17. Habida cuenta de la disposición de los recursos de seguridad en el interior de un Estado, el plazo para interrumpir un acto delictivo o un acto intencional no autorizado tal vez sea reducido. Cuanto más lejos del objetivo se produzca la detección, más tiempo tendrá un Estado para neutralizar la amenaza contra ese objetivo. Sin embargo, los recursos de seguridad suelen concentrarse en las inmediaciones de los posibles objetivos, y la detección puede producirse a corta distancia del objetivo en cuestión. En ese caso, es probable que las consecuencias de un posible suceso relacionado con la seguridad física nuclear sean más graves. Una de las estrategias para hacer frente a ese desafío consiste en realizar actividades de detección a una distancia que garantice que el objetivo se proteja de manera adecuada. Para diseñar y aplicar esa estrategia, el Estado debería evaluar continuamente las amenazas y el riesgo para la seguridad física nuclear e intentar definir cuáles son los posibles objetivos. Además, las operaciones de detección pueden incorporarse a las operaciones rutinarias de seguridad que se desempeñan en todo el interior del Estado. Los Estados también podrían considerar la posibilidad de implementar operaciones de detección poco visibles o discretas a fin de no alertar antes de tiempo a los posibles adversarios de la existencia de sistemas y medidas de detección en determinados lugares.

2.18. Para garantizar que las autoridades competentes y otras partes interesadas responsables de la detección y la respuesta en el nivel interior tengan un vínculo sólido, los Estados podrían considerar la posibilidad de establecer y desplegar grupos especializados encargados de las operaciones, que cuenten con personal cualificado en detección y respuesta en el ámbito de la seguridad física nuclear (véase la ref. [10]) y/o en operaciones de respuesta a emergencias, de conformidad con las referencias [11 y 13]. En las actividades de capacitación y los procedimientos operacionales normalizados se debería tener en cuenta que las medidas que se toman durante las actividades de detección pueden facilitar la labor de respuesta posterior. Por ejemplo, es importante implementar procedimientos adecuados y garantizar la cadena de custodia en la manipulación de material nuclear y otro material radiactivo para que prospere el enjuiciamiento posterior de posibles actividades delictivas.

2.19. Al diseñar operaciones de detección en el interior del Estado, junto con los sistemas y las medidas conexos deberían tenerse en cuenta consideraciones de sostenibilidad, entre ellas la dotación a largo plazo de recursos financieros, humanos y técnicos. En el párrafo 7.21 de la referencia [3] se señala lo siguiente:

> "La sostenibilidad es un aspecto clave de la arquitectura de detección en la esfera de la seguridad física nuclear. Garantizar la eficacia operacional a largo plazo de las capacidades nacionales de detección de material nuclear

y otro material radiactivo no sometido a control reglamentario requiere una importante labor de planificación y de compromiso de recursos, tanto financieros como humanos".

En la publicación Nº 30-G de la *Colección de Seguridad Física Nuclear del OIEA* [14], titulada *Mantenimiento de un régimen de seguridad física nuclear*, pueden encontrarse orientaciones sobre la elaboración de objetivos nacionales y operacionales de sostenibilidad.

CAPACITACIÓN PARA LLEVAR A CABO OPERACIONES DE DETECCIÓN

2.20. En la publicación Nº 31-G de la *Colección de Seguridad Física Nuclear del OIEA* [15], titulada *Creación de capacidad para la seguridad física nuclear*, se ofrece información sobre el enfoque sistemático de la capacitación. En el párrafo 3.12 de la referencia [15] se indica lo siguiente:

> "La primera fase de este enfoque consiste en determinar las necesidades de capacitación del personal de todos los niveles y con distintos tipos de responsabilidades en relación con la seguridad física nuclear. Esta es una tarea importante que entraña el análisis de los requisitos de desempeño (es decir, los deberes y tareas) de las personas con responsabilidades directas de planificación, ejecución y/o evaluación de la eficacia del programa de seguridad física nuclear".

2.21. En los párrafos 3.25 y 3.26 de la referencia [15] se señala lo siguiente:

> "3.25. Al establecer una estrategia para el desarrollo de un programa de concienciación, deberían fijarse objetivos que focalicen la labor de creación de conciencia, incluidos los siguientes:
>
> a) Proporcionar a las personas orientaciones y conocimientos básicos relacionados con sus funciones y responsabilidades de seguridad física nuclear (p. ej., información sobre las amenazas a la seguridad física nuclear, las opciones para la detección y las operaciones correspondientes) a fin de crear una cultura de la seguridad física nuclear efectiva. Este conocimiento puede servir de base para una capacitación avanzada ulterior y para una comprensión más amplia de las propias responsabilidades.

b) Fomentar en las entidades y organizaciones gubernamentales la voluntad política de crear y mantener los medios y programas necesarios para la seguridad física nuclear. Se piensa que la institucionalización de la seguridad física nuclear dentro de la organización responsable aumentará la eficacia de los medios destinados a la seguridad física nuclear a nivel nacional.

c) Promover el uso de una terminología y una base común para crear conciencia en el público en general y en las organizaciones no gubernamentales.

3.26. En el cumplimiento de estos objetivos, los Estados pueden hacer uso del siguiente conjunto de directrices para planificar, elaborar, ejecutar y mantener una labor de concienciación efectiva sobre la seguridad física nuclear:

a) comunicar la necesidad de un esfuerzo en materia de seguridad física nuclear;
b) incluir un conjunto central de temas;
c) crear conciencia respecto de todas las funciones y entre todos los grupos destinatarios;
d) adaptar los esfuerzos a grupos de destinatarios específicos;
e) planificar y organizar las actividades para promover la eficacia;
f) implantar la concienciación como proceso continuo;
g) evaluar regularmente la labor de concienciación y actualizarla cuando sea necesario".

2.22. Habida cuenta de la diversidad y el número de autoridades competentes y otras partes interesadas activas en el interior de un Estado, es importante aplicar un enfoque graduado de la capacitación. El Estado debería crear planes de concienciación y capacitación adaptados a las necesidades de los grupos de destinatarios, en función del cometido de estos y de las funciones específicas que desempeñen en la arquitectura de detección en la esfera de la seguridad física nuclear.

2.23. Se debería impartir capacitación básica sobre seguridad física nuclear al personal de todas las autoridades competentes y otras partes interesadas que participen en operaciones de detección en el interior de un Estado. Independientemente de que esté o no dotado de equipo de detección en la esfera de la seguridad física nuclear, el personal podría hallar material nuclear y otro material radiactivo no sometido a control reglamentario o podría tener que generar alertas informativas sobre actos delictivos o actos intencionales no autorizados. Al contar con conocimientos básicos, el personal podrá detectar indicios de actividades sospechosas relacionadas con material no sometido a control reglamentario.

2.24. En la capacitación básica sobre seguridad física nuclear destinada a las autoridades competentes y otras partes interesadas se deberían incluir los temas siguientes:

a) conceptos básicos relacionados con la radiación (por ejemplo, los tipos de radiación que emite el material nuclear y otro material radiactivo, la exposición radiológica, la contaminación radiactiva);
b) conceptos básicos relacionados con la protección radiológica (por ejemplo, los efectos del tiempo, la distancia y el blindaje);
c) usos autorizados del material radiactivo y de dispositivos que contienen material radiactivo;
d) amenazas para la seguridad física nuclear relacionadas con el material nuclear y otro material radiactivo no sometido a control reglamentario;
e) indicios de actividades sospechosas relacionadas con el material nuclear y otro material radiactivo;
f) sinopsis de la arquitectura de detección en la esfera de la seguridad física nuclear, incluida la detección mediante alarmas de instrumentos y alertas informativas, y
g) procedimientos para solicitar asistencia en caso de que pueda haberse producido un suceso relacionado con la seguridad física nuclear.

2.25. Además de capacitación básica, al personal de las autoridades competentes y otras partes interesadas que deba utilizar equipo de detección o investigar alarmas de instrumentos o alertas informativas se le debería ofrecer capacitación especializada. Esta se debería impartir antes del despliegue del equipo de detección de radiación y a intervalos regulares para que el personal esté preparado para realizar operaciones. El personal debería ser consciente de la manera en que el tiempo, la distancia y el blindaje afectan a la detección. Por ejemplo, las fuentes de radiación de actividad alta pueden activar una alarma desde distancias mayores (por ejemplo, aunque entre medias haya varias personas o vehículos).

2.26. En la capacitación especializada se deberían incluir los temas siguientes:

a) principios básicos de la detección de radiación;
b) tipos de equipo de detección de radiación;
c) instrucciones operacionales para utilizar el equipo;
d) comprobaciones diarias del estado de funcionamiento del equipo;
e) causas comunes de alarmas inocuas;

f) mantenimiento preventivo básico, y
g) procedimientos operacionales normalizados relacionados con las operaciones de detección.

2.27. Las autoridades competentes y otras partes interesadas pueden mejorar las competencias de detección de su personal en el ámbito de la seguridad física nuclear integrando los módulos que corresponda en los programas de capacitación existentes. Por ejemplo, en la capacitación básica para el personal recién llegado se podría incluir un módulo de conocimientos básicos sobre las amenazas para la seguridad física nuclear que, posteriormente, podría ser obligatorio como parte de la capacitación periódica de actualización.

EVALUACIÓN DE LOS SISTEMAS Y MEDIDAS DE DETECCIÓN

2.28. La creación de un marco o proceso de evaluación de los sistemas y medidas de detección puede promover el mejoramiento continuo de todas las operaciones de detección en la esfera de la seguridad física nuclear en el interior de un Estado. El proceso de evaluación debería abarcar todos los elementos esenciales de la arquitectura nacional de detección nuclear, como el marco jurídico, las estrategias, planes y procedimientos, los análisis del riesgo, los recursos humanos y los recursos técnicos utilizados en las operaciones de detección en el interior del Estado. El proceso debería ser continuo y repetirse periódicamente.

2.29. La evaluación de las operaciones de detección en el interior de un Estado puede resultar especialmente difícil debido al gran número de autoridades competentes y otras partes interesadas que llevan a cabo actividades de detección relacionadas con actos delictivos o actos intencionales no autorizados en una gran variedad de lugares. El alcance de las evaluaciones debería definirse de forma adecuada a fin de que los resultados puedan servir de base para mejorar las operaciones de detección. Para definir el alcance, se delimita la evaluación precisando su finalidad, por ejemplo, mediante las actividades siguientes:

a) Definir el objeto de la evaluación. Puede tratarse de un solo componente (p. ej., un instrumento de detección), de un solo proceso (p. ej., la integración de la detección en la esfera de la seguridad física nuclear en las patrullas rutinarias del interior del Estado), de múltiples componentes operacionales (p. ej., cuando durante una patrulla rutinaria los agentes solicitan la ayuda de expertos en radiación) o del funcionamiento coordinado de la arquitectura nacional de detección en la esfera de la seguridad física nuclear en su conjunto.

b) Determinar el nivel de la evaluación. Las evaluaciones pueden llevarse a cabo a nivel de la organización, a nivel nacional o mediante exámenes por homólogos que realizan expertos internacionales, utilizando mecanismos como el Servicio Internacional de Asesoramiento sobre Seguridad Física Nuclear (INSServ) del OIEA (véase la ref. [16]).
c) Fijar el objetivo de la evaluación. El objetivo de la evaluación puede incluir entregables como la evaluación de la eficacia operacional de los conceptos de operaciones y los procedimientos operacionales normalizados establecidos; las cualificaciones del personal y su capacidad para aplicar y cumplir los conceptos de operaciones o los procedimientos operacionales normalizados establecidos; o los costos asociados a la incorporación de la detección en la esfera de la seguridad física nuclear a las actividades de seguridad existentes en el interior del Estado.

2.30. Deberían utilizarse criterios e indicadores de evaluación para medir sistemáticamente los avances con respecto al objetivo de la evaluación fijado. Los indicadores deberían guardar relación con la finalidad y el alcance de la evaluación de que se trate y brindar información que sirva de base para tomar medidas. Los indicadores deberían poder medirse y cuantificar con precisión la información relacionada con los objetivos funcionales correspondientes de la detección en el interior del Estado. Asimismo, deberían ser objetivos, independientes de influencias externas y sistemáticos respecto a lo que miden y cómo se definen y a qué unidades se utilizan.

2.31. La evaluación debería determinar tanto la capacidad operacional como la eficacia de las operaciones. La capacidad se refiere a los recursos disponibles para lograr los resultados previstos. Un ejemplo de indicador de la capacidad es el porcentaje del personal de seguridad del nivel interior que ha recibido capacitación sobre los aspectos básicos relacionados con la radiación y/o está dotado de instrumentos de detección. La eficacia se refiere a la capacidad del personal para llevar a cabo operaciones de detección y lograr los resultados previstos. Son ejemplos de indicadores de la eficacia la probabilidad de detectar una amenaza (por ejemplo, material de interés para la seguridad física) mediante las operaciones de detección desplegadas —usando o sin usar instrumentos de detección— y el tiempo necesario para que personas o vehículos atraviesen puestos de control interiores donde haya procedimientos de inspección.

2.32. El Estado debería decidir cuál es el método de evaluación más adecuado para analizar los objetivos que se desean lograr con la evaluación. Cada método puede utilizarse como autoevaluación o como evaluación independiente (véanse ejemplos de instrumentos de evaluación en la ref. [15]). Para evaluar las operaciones de detección en el interior de un Estado pueden emplearse los métodos de evaluación siguientes:

a) Los ejercicios "son útiles para evaluar las capacidades locales y nacionales de detección en la esfera de la seguridad física nuclear a fin de detectar y corregir las deficiencias en términos de equipo, concepto de operaciones y capacitación" [3]. En la publicación Nº 41-T de la *Colección de Seguridad Física Nuclear del OIEA* [17], titulada *Preparación, realización y evaluación de ejercicios para la detección y respuesta frente a actos relacionados con materiales nucleares y otros materiales radiactivos no sometidos a control reglamentario*, se presenta un enfoque estructurado para preparar, realizar y evaluar ejercicios. Los ejercicios periódicos en que participan varios organismos son esenciales para fomentar la cooperación entre las numerosas autoridades competentes activas en el nivel interior y para unificar sus estrategias, procedimientos y operaciones de detección y demás medios técnicos. Los ejercicios en que se simulan escenarios de sucesos relacionados con la seguridad física nuclear pueden garantizar la disponibilidad operacional.
b) Los ensayos de "grupo rojo" consisten en poner a prueba los planes, programas y supuestos y la implementación de las operaciones de detección. Con este método se suele recurrir a ensayos encubiertos, en los que el grupo rojo actúa como adversario ficticio e intenta introducir una amenaza en el sistema sin que lo detecten. Cuando los ensayos de grupo rojo dan resultado, ofrecen la oportunidad de evaluar qué medidas de defensa funcionan con eficacia, así como qué zonas o procesos son los más susceptibles de ser aprovechados por un adversario.
c) La modelización y la simulación pueden utilizarse para proponer un resultado o elaborar los fundamentos para tomar decisiones. Un ejemplo de aplicación de este tipo de ensayos es la evaluación de la eficacia de los algoritmos de las alarmas de instrumentos o de los algoritmos de identificación de radionucleidos.
d) Suele encargarse del análisis administrativo un/a evaluador/a o una unidad especializada de evaluación de las autoridades competentes. Este tipo de análisis puede garantizar la evaluación continua de la arquitectura de detección en la esfera de la seguridad física nuclear y servir para hacer un seguimiento eficaz de la aplicación de los planes de mejora que se derivan de evaluaciones anteriores. Pertenecen a esta categoría varios de los instrumentos de evaluación descritos en la referencia [15]. Son ejemplos de análisis administrativo las hojas de evaluación de programas, las entrevistas, las observaciones y los comentarios de homólogos o grupos de discusión. En estas evaluaciones se debería seguir el proceso de análisis de debilidades, amenazas, fortalezas y oportunidades (también denominado "DAFO") para efectuar análisis de

deficiencias, evaluaciones cualitativas y cuantitativas, análisis de los resultados, análisis de los datos de los instrumentos o una comparación estadística.

e) El análisis técnico consiste en pruebas y evaluaciones del rendimiento para garantizar la eficacia de los sistemas y el equipo. Por lo general, lo realizan expertos técnicos de la autoridad competente o una organización especializada de apoyo experto.

2.33. El principal producto del proceso de evaluación es un informe de evaluación que documenta la información sobre la evaluación, lo que incluye la metodología utilizada, los objetivos de la evaluación, los datos recopilados, los resultados y cualquier recomendación de mejora. Las recomendaciones deberían guardar relación con los objetivos existentes de detección en el interior de un Estado y proponer medidas aplicables para mejorar las operaciones. El informe de evaluación debería entregarse a todas las partes interesadas para que lo examinen, y los comentarios de estas deberían incorporarse en él. Puesto que suele considerarse que los datos recopilados durante una evaluación de este tipo, así como los resultados de la evaluación, tienen carácter estratégico en términos de seguridad nacional, el informe se debería tratar de conformidad con los procedimientos establecidos para proteger la información.

3. OPERACIONES DE DETECCIÓN EN EL INTERIOR DE UN ESTADO

INTEGRACIÓN DE LA SEGURIDAD FÍSICA NUCLEAR EN LAS OPERACIONES EXISTENTES

3.1. Pueden realizar las operaciones de detección de material nuclear y otro material radiactivo no sometido a control reglamentario que se llevan a cabo en el interior de un Estado los cuerpos del orden, los servicios de emergencia o grupos especializados, como unidades de intervención, grupos de rescate de rehenes, unidades de eliminación de municiones explosivas, grupos de investigación del lugar del delito y grupos que se ocupan de los delitos químicos, biológicos, radiológicos y nucleares (denominados comúnmente "QBRN"), y esas operaciones se suman a sus otras responsabilidades. En el párrafo 3.5 de la referencia [1] se indica lo siguiente:

“Un *régimen de seguridad física nuclear* comprende medidas encaminadas a:

a) definir como delitos o infracciones, en virtud de las leyes o reglamentos internos, los actos delictivos o actos intencionales no autorizados que estén relacionados con *materiales nucleares*, *otros materiales radiactivos*, *instalaciones conexas* o *actividades conexas*, o que vayan dirigidos contra ellos;
b) abordar adecuadamente otros actos que el Estado determine que tienen un impacto negativo en la seguridad física nuclear;
c) establecer sanciones adecuadas proporcionales a la gravedad del daño que podría causar la comisión de los delitos o las infracciones;
d) establecer la jurisdicción del Estado sobre esos delitos o infracciones;
e) prever disposiciones para el procesamiento o, según corresponda, la extradición de los presuntos delincuentes”.

3.2. Las autoridades competentes y otras partes interesadas del nivel interior de un Estado deberían integrar las operaciones de detección en sus esferas de misión, conceptos de operaciones, procedimientos y programas de capacitación existentes, así como en las operaciones de detección realizadas en las fronteras estatales. Dado que tal vez varias autoridades competentes tengan capacidades y competencias de detección, la coordinación de las actividades de detección y la elaboración de un plan conjunto de operaciones de detección (véase el anexo II) podrían aumentar la eficacia de las operaciones de detección en el interior de un Estado.

3.3. Las autoridades competentes y otras partes interesadas del nivel interior de un Estado no suelen manejar equipo de detección de radiación. Para evaluar las alertas informativas y las alarmas de instrumentos, como parte de la arquitectura nacional de detección en la esfera de la seguridad física nuclear, deberían poder tener acceso a grupos especializados o grupos de apoyo especializado que tengan la capacidad de manejar equipo de detección de radiación.

3.4. Los cuerpos del orden y los servicios de emergencia podrían incorporar el uso de equipo de detección de radiación en sus operaciones de detección. Si se les dota de equipo de detección de radiación, también se les debería impartir, según proceda, la capacitación correspondiente (véanse los párrs. 2.25 y 2.26) y deberían contar con procedimientos sobre cómo manejar el equipo, interpretar los datos de las mediciones y atribuir las alarmas.

TIPOS HABITUALES DE OPERACIONES DE DETECCIÓN

3.5. Las operaciones de detección en el interior de un Estado pueden clasificarse en tres tipos habituales: 1) operaciones rutinarias (véanse los párrs. 3.7 a 3.9); 2) operaciones reforzadas (véanse los párrs. 3.10 a 3.13) y 3) operaciones selectivas o específicas (véanse los párrs. 3.14 a 3.19). En los párrafos 3.22 a 3.67 se presentan consideraciones especiales respecto de la detección durante operaciones rutinarias, reforzadas y selectivas o específicas, así como ejemplos de cada uno de los tipos. Los ejemplos no son exhaustivos, pero pueden servir de base para planificar y llevar a cabo operaciones de detección.

3.6. Para seleccionar el tipo de operaciones de detección más adecuado para mitigar las amenazas y riesgos que existan en un momento dado en el interior de un Estado, se debería seguir un enfoque basado en el conocimiento de los riesgos y tener en cuenta el nivel de amenaza, incluida la información procedente de alertas informativas y demás información pertinente sobre seguridad.

Operaciones rutinarias

3.7. En el marco de sus actividades operacionales habituales, las autoridades competentes y otras partes interesadas llevan a cabo operaciones rutinarias en el interior de un Estado, que comprenden actividades de control y vigilancia permanentes. Se trata de la situación normal; es decir, no se ha detectado ninguna amenaza específica. Las operaciones rutinarias pueden efectuarse en cualquier lugar y podrían consistir en la vigilancia de zonas extensas, lugares concretos, personas, vehículos y mercancías.

3.8. Cuando las autoridades competentes y otras partes interesadas realizan operaciones rutinarias en el interior de un Estado, no disponen necesariamente de instrumentos de detección de radiación, y han de confiar en su capacidad para reconocer indicios de actividades sospechosas relacionadas con material nuclear y otro material radiactivo no sometido a control reglamentario a fin de generar una alerta informativa. En este caso, para confirmar y atribuir la alerta es fundamental que las autoridades competentes, los grupos especializados y/o las organizaciones de apoyo especializado que tengan acceso a equipo de detección de radiación se coordinen e intercambien información.

3.9. En los párrafos 3.22 a 3.48 se presentan consideraciones especiales y ejemplos de operaciones rutinarias. Son ejemplos de operaciones rutinarias las patrullas rutinarias, los puestos de control habituales, las operaciones normales de los servicios de emergencia y la detección mediante alertas informativas procedentes de la vigilancia médica, denuncias del público e investigaciones de los cuerpos del orden.

Operaciones reforzadas

3.10. Las autoridades competentes y otras partes interesadas realizan operaciones reforzadas en el interior de un Estado cuando se intensifican las condiciones de seguridad. Eso puede ocurrir si aumenta el nivel nacional de amenaza, si se recibe una alerta informativa general sin información sobre una amenaza específica, o con ocasión de un evento de gran resonancia.

3.11. Al llevar a cabo operaciones de detección reforzadas, las autoridades competentes y otras partes interesadas deberían tener en cuenta cuánto durarán, dado que en este tipo de operaciones inevitablemente se emplean más recursos técnicos y humanos que en las operaciones rutinarias. Asimismo, puesto que los recursos son limitados, se debería considerar la posibilidad de que múltiples autoridades competentes que tengan capacidades de detección cooperen. Las operaciones conjuntas con autoridades competentes asociadas tienen valor añadido porque posibilitan que los cuerpos del orden y los servicios de emergencia accedan a más equipo de detección de radiación o a equipo técnico más sofisticado, así como a más personal capacitado en detección en la esfera de la seguridad física nuclear.

3.12. En el caso de las operaciones reforzadas, se pueden asignar recursos adicionales a los cuerpos del orden y los servicios de emergencia a fin de detectar la presencia de material no sometido a control reglamentario según un enfoque graduado y basado en el conocimiento de los riesgos. En función de la información recopilada sobre la posible amenaza, las operaciones de detección reforzadas pueden integrarse en las obligaciones operacionales de los cuerpos del orden, como los controles en carretera, las patrullas rutinarias, la protección de personalidades y las actividades de seguridad en eventos de gran resonancia.

3.13. En los párrafos 3.49 a 3.57 se presentan consideraciones especiales y más ejemplos de operaciones reforzadas, como las que tienen lugar a raíz de una alerta informativa general y con ocasión de un evento de gran resonancia.

Operaciones selectivas o específicas

3.14. Las autoridades competentes realizan operaciones de detección selectivas o específicas a partir de información concreta, creíble y factible que indica que es muy probable que se esté preparando, esté teniendo lugar o se haya producido un suceso relacionado con la seguridad física nuclear.

3.15. Las autoridades competentes y otras partes interesadas pueden llevar a cabo operaciones selectivas o específicas como parte de las actividades de evaluación inicial cuando se ha detectado una amenaza específica mediante una alerta informativa o la alarma de un instrumento; cuando ya se ha producido un suceso relacionado con material no sometido a control reglamentario, o cuando las unidades de investigación o de operaciones especiales solicitan específicamente este tipo de operaciones sobre la base de información o datos de inteligencia precisos.

3.16. Al planificar operaciones de detección selectivas o específicas, las autoridades competentes y otras partes interesadas deberían tener en cuenta a) la naturaleza de la operación (p. ej., de carácter manifiesto o discreto); b) el objetivo de la operación (p. ej., detectar un acto delictivo o un acto intencional no autorizado o disuadir de cometerlo); c) la disponibilidad de recursos humanos y técnicos, y d) la cantidad de personal capacitado y su nivel de conocimientos especializados.

3.17. A fin de implementar con eficacia operaciones selectivas o específicas, las autoridades competentes que las lleven a cabo deberían recibir capacitación especializada sobre amenazas para la seguridad física nuclear, y estar dotadas de equipo de detección de radiación y haber recibido capacitación sobre su uso.

3.18. Toda la información o los datos de inteligencia acumulados antes de que se dé inicio a las operaciones selectivas o específicas ayudarán a las autoridades competentes y otras partes interesadas a seleccionar el equipo de detección adecuado y a determinar cómo adaptar al escenario específico los procedimientos operacionales normalizados existentes.

3.19. En función de la gravedad de la situación, las operaciones de este tipo pueden realizarse al mismo tiempo que se aplican los procesos de gestión de emergencias y los mecanismos de seguridad física nuclear que se detallan en el marco nacional de respuesta del Estado. En tales casos, las autoridades competentes deberían velar por que las operaciones se lleven a cabo de forma coordinada. En las referencias [2, 10 y 11] se abordan determinadas medidas de seguridad física nuclear y medidas de respuesta a emergencias radiológicas, entre ellas, los planes de respuesta a emergencias. En los párrafos 3.58 a 3.67 se presentan consideraciones especiales y ejemplos de operaciones selectivas o específicas, como las búsquedas en zonas concretas y las operaciones encubiertas.

ELEMENTOS DE LAS OPERACIONES DE DETECCIÓN

3.20. En los párrafos 3.22 a 3.67 se presentan consideraciones especiales respecto de los diferentes tipos de operaciones de detección, así como ejemplos detallados de estos. Se ofrecen orientaciones sobre cada tipo de operación de detección relacionadas con el personal que suele participar en las actividades de detección especificadas, las actividades preparatorias que deberían realizarse antes de las operaciones de detección y los pasos que ha de seguir el personal al implementar las operaciones de detección. En los casos que procede, se indican las etapas operacionales y ejemplos relativos a la realización de operaciones de detección, tanto con equipo de detección de radiación como sin él.

3.21. Para que todas las operaciones de detección en el interior de un Estado se realicen con eficacia, deberían existir los elementos siguientes:

a) Facultad para llevar a cabo las operaciones. Antes de implementar actividades de detección, el Estado debería asegurarse de que el personal que vaya a llevarlas a cabo tenga la facultad y la competencia necesarias para hacerlo. En el caso particular de una búsqueda selectiva, es posible que haya que tomar medidas adicionales para que el personal esté autorizado para realizar la búsqueda o emprender operaciones encubiertas.
b) Procedimientos de detección de actos delictivos o actos intencionales no autorizados. Las autoridades competentes y otras partes interesadas deberían elaborar conceptos de operaciones y procedimientos operacionales normalizados relacionados con las actividades de detección. También podrían establecer acuerdos interinstitucionales, según proceda, y cualquier mecanismo necesario para recibir apoyo especializado.
c) Procedimientos de gestión de la información. Deberían establecerse disposiciones de transmisión de información con el fin de gestionar el intercambio de información dentro de una organización y entre diferentes organizaciones (véase también la sección 4).
d) Capacitación relacionada con la implementación de distintos tipos de operaciones de detección. El personal debería haber recibido la capacitación adecuada para detectar los actos delictivos o actos intencionales no autorizados que se describe en los párrafos 2.20 a 2.27. Se debería impartir capacitación al personal sobre cómo usar correctamente todo el equipo desplegado que haya de utilizar como parte de las operaciones.
e) Conocimiento del terreno. El personal debería contar con conocimientos previos de sus zonas de responsabilidad y del contexto situacional, lo que incluye la presencia de material nuclear y otro material radiactivo autorizado (por ejemplo, en instalaciones de investigación, nucleares, médicas o

industriales) en la zona de operaciones y cualquier lugar de esa zona donde los niveles de radiación ya sean elevados.

f) Conocimientos básicos sobre seguridad nuclear. El personal debería haber recibido capacitación básica sobre seguridad nuclear. En la publicación Nº GSR Part 3 de la *Colección de Normas de Seguridad del OIEA*, titulada *Protección radiológica y seguridad de las fuentes de radiación: Normas básicas internacionales de seguridad* [18], se establecen los requisitos de seguridad del material radiactivo.

g) Procedimientos para gestionar las interrelaciones con la respuesta a emergencias nucleares o radiológicas. Si se ha confirmado que una alerta informativa o la alarma de un instrumento no es una falsa alarma (es decir, que sí hay material nuclear o radiactivo), el personal debería determinar si es seguro proceder a la atribución de la alerta o alarma. Si se determina que no es seguro hacerlo por la presencia de un peligro radiológico real o potencial, eso se debería notificar a las organizaciones de respuesta correspondientes, y deberían adoptarse las medidas protectoras y otras medidas de respuesta apropiadas de conformidad con lo establecido en las referencias [10 y 11] y en la publicación Nº GSG-2 de la *Colección de Normas de Seguridad del OIEA* [19], titulada *Criterios aplicables a la preparación y respuesta a situaciones de emergencia nuclear o radiológica*. Una de las medidas de respuesta apropiadas consiste en determinar si se cumplen los criterios operacionales que hacen necesarias las medidas protectoras correspondientes (véanse las refs. [11 y 19]).

CONSIDERACIONES ESPECIALES RESPECTO DE LA DETECCIÓN DURANTE LAS OPERACIONES RUTINARIAS

Operaciones de detección durante las patrullas rutinarias

3.22. El personal que realiza patrullas rutinarias suele pertenecer a los cuerpos del orden o los organismos de seguridad. También podría pertenecer a partes interesadas privadas, como contratistas privados que se encargan de la seguridad de un lugar. Como parte de las operaciones rutinarias, tales autoridades competentes y otras partes interesadas llevan a cabo patrullas periódicas dentro de una zona de operaciones definida.

3.23. La autoridad competente o la parte interesada debería incorporar un concepto de operaciones de detección en la esfera de la seguridad física nuclear a los procedimientos operacionales normalizados existentes de las patrullas rutinarias, teniendo en cuenta si el personal está facultado para detener y aprehender, si tiene acceso a equipo de detección de radiación y, en caso afirmativo, el tipo de equipo que utiliza.

3.24. El personal debería conocer el terreno que ha sido designado para patrullar. Debería haber recibido capacitación básica sobre seguridad física nuclear y, si está provisto de equipo de detección, capacitación especializada sobre el uso y el mantenimiento básico de dicho equipo antes de su despliegue durante las patrullas rutinarias.

3.25. A continuación se describen las medidas que ha de adoptar el personal durante las patrullas rutinarias, dependiendo de si dispone o no de equipo de detección de radiación:

a) Si el personal se encuentra de patrullaje sin equipo de detección de radiación y observa actividades o material sospechosos que podrían indicar la presencia de material nuclear u otro material radiactivo no sometido a control reglamentario o recibe información al respecto, debería evaluar la credibilidad de la información y atribuir la alerta.
b) Si el personal se encuentra de patrullaje con equipo de detección de radiación y recibe la alarma de un instrumento, debería confirmar la validez de la detección primaria para determinar si se trata o no de una falsa alarma. El equipo de detección de radiación adecuado para ser utilizado durante las patrullas rutinarias puede incluir detectores de radiación personales que lleva consigo el personal que realiza la operación u otros tipos de equipo de mano[3].
c) Si se confirma la alarma o la alerta y se ha determinado que no hay ningún peligro radiológico, el personal de patrullaje realiza la evaluación inicial de la alarma o la alerta. Como resultado de la evaluación inicial, tal vez se localice la posible fuente de radiación y se adopten medidas de seguridad física en el lugar. Otro posible resultado sería aislar a todas las personas presentes en el lugar o apartarlas de materiales o bienes, y detener a las personas sospechosas o aprehender el material sospechoso. Posteriormente, el personal puede solicitar que un grupo de apoyo especializado lo ayude con la evaluación secundaria de la alarma o la alerta. Dicho grupo puede estar constituido por expertos provistos de instrumentos de monitorización radiológica para clasificar el material radiactivo y capacitados para utilizarlos y para desempeñar tareas relacionadas con la protección radiológica. Puesto que la capacidad de la mayor parte del equipo de mano

[3] En el anexo I se describe el equipo utilizado en las actividades de detección de radiación.

y de los detectores de radiación personales es limitada, es probable que, para concluir la evaluación de la alarma y determinar exactamente qué material está presente en el lugar, incluso el personal que lleva consigo equipo de ese tipo deba ponerse en contacto con especialistas a fin de obtener análisis de espectrometría, análisis de los resultados o asesoramiento científico para seguir tomando mediciones sobre el terreno o de desplegar instrumentos de detección más sensibles.

d) Si en la evaluación se concluye que se trata de una falsa alarma o de una alarma inocua[4], el personal puede reanudar las patrullas. Si se confirma que la alarma no es inocua, se debería notificar al respecto a las organizaciones de respuesta correspondientes de acuerdo con los procedimientos pertinentes, y se deberían adoptar medidas protectoras y de respuesta según lo indicado en las referencias [10 y 11].

3.26. A continuación se presentan ejemplos de escenarios de detección durante las patrullas rutinarias de los cuerpos del orden:

a) Un agente de los cuerpos del orden que patrulla sin equipo de detección de radiación descubre un bulto que lleva en su exterior el símbolo de la radiación (el trébol). El agente adopta medidas de seguridad física en la zona alrededor del bulto y notifica al supervisor de turno para que solicite apoyo especializado a fin de desplegar equipo de detección para identificar el contenido del bulto.
b) Un agente de los cuerpos del orden que está de patrullaje pasa junto a un contenedor de residuos y recibe una alarma en un detector de radiación personal. El agente sigue los procedimientos establecidos para confirmar que no se trata de una falsa alarma. Cuando se confirma la presencia de material radiactivo o nuclear, el agente utiliza el detector para localizar la zona donde la radiación es elevada. Posteriormente, el agente adopta medidas de seguridad física en la zona y notifica al supervisor de turno para que solicite apoyo especializado a fin identificar el material y determinar si se trata de una alarma inocua o hay indicios de una inquietud real en materia de seguridad física nuclear.

---

[4] En la ref. [3] se ofrece la siguiente definición de estos términos:
"— falsa alarma: alarma que, según lo constatado en una evaluación posterior, no se debió a la presencia de material nuclear o material radiactivo.
— alarma improcedente [inocua]: alarma que, según una evaluación posterior, se debió a material nuclear u otro material radiactivo sometido a control reglamentario o que está exento o se ha excluido del control reglamentario".

Operaciones de detección en puestos de control habituales

3.27. El personal que interviene en las operaciones en puestos de control habituales suele pertenecer a los cuerpos del orden y los organismos de seguridad. También puede pertenecer a partes interesadas privadas, como contratistas privados que se encargan de la seguridad de un lugar. Puede haber puestos de control en puntos donde se congestiona el tráfico, centros regionales de comercio, estaciones de inspección o centros de transporte, así como en entradas a edificios o instalaciones.

3.28. La ubicación de los puestos de control se decide mediante una planificación minuciosa. Al planificar los puestos de control también hay que garantizar que se dispondrá de los recursos humanos adecuados, establecer medidas de control del tráfico, seleccionar los lugares donde se realizará la identificación de personas y/o el aislamiento de vehículos, y determinar los lugares donde se realizarán las inspecciones secundarias.

3.29. El personal debería conocer bien el terreno en que ha sido designado para realizar los controles. Debería haber recibido capacitación básica sobre seguridad física nuclear y, si está provisto de equipo de detección, capacitación especializada sobre el uso y el mantenimiento básico de dicho equipo antes de su despliegue. El personal que realiza los controles debería tener la facultad legal y capacidad para detener y perseguir vehículos, así como para detener a sospechosos.

3.30. El concepto de operaciones debería diseñarse de manera que el personal pueda detectar rápidamente qué persona o vehículo ha activado la alarma.

3.31. A continuación se resumen las medidas que ha de adoptar el personal desplegado para desempeñar labores rutinarias en un puesto de control, dependiendo de si dispone o no de equipo de detección de radiación:

a) Si el personal trabaja en un puesto de control sin equipo de detección de radiación y observa que atraviesa el puesto de control una persona o un material que suscita sospechas, debería apartar del tránsito del puesto de control a dicha persona y/o dicho material y seguir los procedimientos normalizados para entrevistar a la persona e inspeccionar el material con el fin de evaluar la posible alerta (véase también el punto f) de esta lista). La credibilidad de la información recopilada puede evaluarse comparándola con las amenazas conocidas.
b) Si el personal dispone de equipo de detección de radiación y se activa la alarma de un instrumento, debería apartar del tránsito del puesto de control a la persona y/o el material que suscita sospechas y confirmar la validez

de la detección primaria, determinando si se trata de una falsa alarma o de una alarma inocua o si hay indicios de una inquietud real en materia de seguridad física nuclear.

c) Si se trata de una falsa alarma, el personal debería reanudar sus operaciones. El equipo de detección de radiación adecuado para ser utilizado en los puestos de control puede incluir detectores de radiación personales que lleva consigo el personal que realiza la operación, sistemas de detección de radiación montados en vehículos para puestos de control temporales o cintas transportadoras con detector de radiación diseñadas para monitorizar cargas u otras mercancías.

d) Si con la evaluación se determina que se trata de una alarma inocua, el personal puede reanudar sus actividades en el puesto de control.

e) Si se determina que no se trata de una alarma inocua, se debería notificar a las organizaciones de respuesta correspondientes y se deberían adoptar medidas protectoras y otras medidas de respuesta según lo indicado en las referencias [10 y 11].

f) Una vez que se confirma la alarma o la alerta y que se ha determinado que no hay ningún peligro radiológico, el personal debería proceder a adoptar medidas de seguridad física en el lugar, a apartar a las personas de los bienes y a detener a las personas implicadas y aprehender el material. Si el personal lleva consigo dispositivos de identificación de radionucleidos de mano y está capacitado para utilizarlos, podrá realizar una identificación inicial del material aprehendido. Otra opción sería proceder directamente a solicitar apoyo especializado para que se realicen análisis más exhaustivos o se despliegue equipo de detección adicional a fin de concluir la evaluación inicial de la alarma y determinar de qué material se trata.

3.32. Los instrumentos de detección de radiación se pueden integrar en las operaciones dotando de detectores de radiación personales al personal que trabaja en puestos de control habituales y/o desvía el tráfico (es decir, vehículos o peatones) para que pase por delante de un detector montado en un vehículo. En el caso del personal que realiza controles rutinarios de vehículos con un detector de radiación personal que genera una alarma de instrumento, el personal debería seguir los procedimientos establecidos. Estos normalmente incluirían las siguientes medidas que ha de adoptar el personal: utilizar el detector para buscar la fuente de radiación, adoptar medidas de seguridad física en la zona y notificar al/a la supervisor/a de turno para que solicite apoyo especializado a fin de proceder a la identificación del material. En el caso del personal que realiza operaciones rutinarias en puestos de control de vehículos utilizando un detector montado en un vehículo, se ha de reducir la velocidad del tráfico cuando atraviesa el puesto de control. Si se activa una alarma en el detector montado en el vehículo, el personal debería aislar el vehículo y a sus pasajeros y utilizar detectores de radiación personales o dispositivos de identificación de radionucleidos de mano para buscar la fuente de radiación.

3.33. A continuación se presentan ejemplos de escenarios de detección en puestos de control habituales:

a) Un/a agente de los cuerpos del orden trabaja en un puesto de control habitual de vehículos con el fin de aprehender estupefacientes y no cuenta con equipo de detección de radiación. El/la agente observa un bulto sospechoso en un vehículo y, tras inspeccionarlo más, sospecha que podría contener una fuente radiactiva. El/la agente indica al conductor, que no ha demostrado tener autorización para poseer material nuclear y otro material radiactivo, que se dirija al lugar de inspección secundaria. El/la agente aísla al conductor y a los demás pasajeros y aplica medidas de seguridad física al vehículo. El/la agente notifica al personal de apoyo especializado para que despliegue equipo de detección y ayude a confirmar la alerta y a identificar el contenido del bulto.
b) El correo que se envía al Parlamento de un Estado pasa por una instalación de inspección especializada para detectar material nuclear y otro material radiactivo mediante pórticos detectores de radiación fijos o cintas transportadoras con detector de radiación. Cuando un bulto activa la alarma de un instrumento, el personal que maneja los detectores localiza la fuente de radiación en un bulto concreto. Se solicita apoyo especializado para confirmar la alarma e identificar el contenido del bulto.

Detección durante las operaciones rutinarias de los servicios de emergencia

3.34. El personal que interviene en la prestación de servicios de emergencia suele pertenecer a los cuerpos del orden, los servicios contra incendios, los grupos de respuesta especializada o los servicios médicos de urgencia. Si el personal está provisto de equipo de detección de radiación, debería haber recibido capacitación especializada sobre su uso y su mantenimiento básico antes de su despliegue con dicho equipo.

3.35. A continuación se resumen las medidas que ha de adoptar el personal de los servicios de emergencia durante sus labores rutinarias, dependiendo de si dispone o no de equipo de detección de radiación:

a) Si el personal no dispone de equipo de detección de radiación y observa material o actividades sospechosos que podrían indicar la presencia de material nuclear u otro material radiactivo no sometido a control reglamentario (por ejemplo, señales de radiación o equipo de protección radiológica especializado en el lugar), debería intentar localizar la posible fuente de radiación y evaluar la credibilidad de la información a fin de confirmar la alerta con la información disponible.

b) Si el personal sí dispone de detectores de radiación personales y se activa la alarma de un instrumento, debería confirmar la validez de la detección primaria para determinar si se trata de una falsa alarma o de una alarma inocua o si hay indicios de una inquietud real en materia de seguridad física nuclear. El detector puede utilizarse entonces para buscar la fuente de radiación que ha activado la alarma.

c) Si se determina que se trata de una falsa alarma o una alarma inocua, el personal puede dejar registro de la alarma y soltar el material. Si se confirma que la alarma no es inocua, se debería notificar a las organizaciones de respuesta correspondientes y se deberían adoptar medidas protectoras y otras medidas de respuesta según lo indicado en las referencias [10 y 11].

d) Si se confirma la alarma o la alerta y, según la evaluación de todos los peligros presentes en el lugar, es seguro proceder, el personal debería notificar tanto al personal de apoyo especializado para que realice una evaluación inicial de la alarma o la alerta como a los cuerpos del orden para que adopten medidas de seguridad física en el lugar. Tras ello, el personal debería continuar con sus operaciones.

3.36. A continuación se presentan ejemplos de escenarios de detección durante las actividades rutinarias de los servicios de emergencia:

a) Un grupo de inspección del servicio contra incendios que recorre una discoteca observa un bulto que tiene el símbolo de la radiación (el trébol). El grupo de inspección aísla el bulto, solicita apoyo especializado para que se despliegue equipo de detección y notifica el caso a los cuerpos del orden utilizando los protocolos establecidos.

b) Un grupo del servicio contra incendios responde a una alarma de incendios que se ha activado en una residencia privada. Se activa la alarma del detector de radiación personal de un miembro del grupo, lo que indica la presencia de radiación. Dicho miembro del grupo sigue los procedimientos establecidos y utiliza el detector para buscar la fuente de radiación. Asimismo, solicita apoyo especializado para que ayude a confirmar la alarma y a identificar el material y notifica el caso a los cuerpos del orden.

Detección mediante una alerta informativa procedente de la vigilancia médica

3.37. Las personas que intervienen en la detección mediante una alerta informativa procedente de la vigilancia médica suelen pertenecer al personal sanitario de hospitales y clínicas (por ejemplo, personal médico o de enfermería), al personal de otras autoridades sanitarias o al personal de los cuerpos del orden.

3.38. La vigilancia médica es una posible fuente de alertas informativas importante. En el párrafo 5.5 de la referencia [3] se señala que (se omite la nota de pie de página) "[la aparición de] lesiones por radiación puede indicar la participación en un acto delictivo o un acto no autorizado con consecuencias para la seguridad física nuclear o la preparación para cometer tales actos". Para que la vigilancia médica sea eficaz, el Estado debería asegurarse de que el personal sanitario haya recibido la capacitación especializada adecuada para detectar lesiones o enfermedades causadas por la radiación (véanse las refs. [11 y 20]).

3.39. Mientras desempeña su labor rutinaria, el personal sanitario puede observar síntomas de exposición aguda a la radiación o recibir información sobre actividades sospechosas que podrían estar relacionadas con la exposición de un paciente a material nuclear u otro material radiactivo. Si el origen de la radiación que causó la lesión o la enfermedad no se puede determinar o suscita sospechas, los hospitales, clínicas u otras autoridades sanitarias deberían establecer un proceso para notificar a los organismos de seguridad física nuclear, y también se debería informar a los cuerpos del orden y otras autoridades competentes correspondientes, según lo establecido en la referencia [20]. En tales circunstancias, el personal médico debería continuar dispensando el tratamiento necesario (véase la ref. [20]).

3.40. Un Estado puede decidir utilizar los mecanismos de notificación existentes, incluidos los que se describen en la referencia [20], o crear un canal de comunicación y procedimientos operacionales normalizados específicos para notificar directamente a los cuerpos del orden un posible suceso relacionado con la seguridad física nuclear. En el anexo III figuran más detalles sobre la transmisión de información en relación con las alertas informativas procedentes de la vigilancia médica.

3.41. A continuación se presenta un ejemplo de escenario de detección mediante una alerta informativa procedente de la vigilancia médica. Un grupo médico detecta que una paciente presenta síntomas de exposición a la radiación, si bien la paciente no tiene ningún motivo para estar en contacto con material nuclear u otro material radiactivo. La paciente en cuestión también exhibe conductas sospechosas cuando se le pregunta por la posibilidad de que haya estado expuesta a la radiación. El grupo médico la aísla y comprueba si es posible que presente contaminación radiactiva. Posteriormente, se administra tratamiento médico a la paciente. El grupo médico sigue los procedimientos de notificación establecidos e informa del incidente a los cuerpos del orden.

Detección mediante una alerta informativa procedente de denuncias del público

3.42. Las personas que intervienen en la detección mediante una alerta informativa procedente de denuncias del público suelen pertenecer al personal de los cuerpos del orden u otras partes interesadas, como contratistas privados que se encargan de la seguridad de un lugar.

3.43. Con el objeto de detectar, a raíz de una denuncia del público, actos delictivos o actos intencionales no autorizados relacionados con material no sometido a control reglamentario, el Estado debería establecer un proceso para que las autoridades reciban denuncias de miembros del público, como una línea telefónica directa de denuncia. También podrían aprovecharse los canales de concienciación sobre seguridad pública ya establecidos.

3.44. Si un miembro del público observa alguna actividad sospechosa que podría indicar la presencia de material nuclear u otro material radiactivo no sometido a control reglamentario o recibe información al respecto, se deberían adoptar las medidas que se indican a continuación. La persona debería dar aviso a los cuerpos del orden. A continuación, los cuerpos del orden deberían poner en marcha los procedimientos establecidos para llevar a cabo la evaluación inicial de una alerta informativa. En función de los resultados de la evaluación inicial de la información, pueden intensificarse las condiciones de seguridad (véanse los párrs. 3.49 a 3.52) o pueden iniciarse operaciones de búsqueda selectiva (véanse los párrs. 3.58 a 3.62). Si se sospecha la presencia de material radiactivo o material nuclear no sometido a control reglamentario, las patrullas rutinarias también podrían realizar operaciones de detección para la evaluación inicial de la alerta (véanse los párrs. 3.22 a 3.26).

3.45. A continuación se presenta un ejemplo de escenario de detección mediante una alerta informativa procedente de una denuncia del público. Un viajero observa un bulto sospechoso en el andén del tren y da aviso de ello a la policía local de transporte. La policía de transporte llega para inspeccionar el bulto y observa símbolos de radiación en el exterior de este. La policía de transporte cuenta con detectores de radiación personales y recibe la alarma de un instrumento. La policía aplica medidas de seguridad física al bulto y solicita apoyo especializado para identificar el material.

Detección mediante una alerta informativa producto de una investigación de los cuerpos del orden

3.46. Los cuerpos del orden deberían establecer procedimientos para iniciar la búsqueda de material nuclear y otro material radiactivo no sometido a control reglamentario y para solicitar apoyo técnico y científico especializado cuando reciban una alerta informativa, una pista en una investigación u otra información durante sus actividades habituales de investigación. El personal de los cuerpos del orden debería poder evaluar la credibilidad y la fuente de dicha información de manera oportuna.

3.47. Si, durante las investigaciones rutinarias, el personal observa alguna actividad sospechosa que podría indicar la presencia de material nuclear u otro material radiactivo no sometido a control reglamentario o recibe información al respecto, se deberían adoptar las medidas que se indican a continuación. El personal debería realizar una evaluación inicial para determinar la credibilidad de la alerta informativa. Si la alerta se considera creíble y se confirma, el personal debería poner en marcha los procedimientos establecidos para buscar material nuclear y otro material radiactivo. El personal de los cuerpos del orden debería proteger a la fuente de la información que generó la alerta informativa, de conformidad con los procedimientos establecidos, puesto que la información puede haberse obtenido por medios confidenciales (por ejemplo, de un/a informante o como parte de actividades en que se reúnen pruebas para utilizarlas en procesos penales). En los párrafos 3.58 a 3.62 se describen los pasos que se han de seguir durante una búsqueda selectiva.

3.48. A continuación se presentan ejemplos de escenarios de detección mediante una alerta informativa durante una investigación de los cuerpos del orden:

a) Una informante brinda a una agente de los cuerpos del orden información relacionada con la ubicación de una fuente de ^{60}Co robada. La agente evalúa la información y la considera creíble. Los cuerpos del orden inician la búsqueda del material radiactivo.
b) Unos agentes de los cuerpos del orden se encuentran investigando una operación de contrabando de tabaco. En el curso de la investigación, los agentes ponen en marcha una operación de escucha telefónica. Mientras vigilan las comunicaciones telefónicas, los agentes escuchan una conversación en la que unas personas planean un atentado con un dispositivo

de dispersión radiactiva. Los agentes evalúan esa información y determinan que es creíble. Notifican a la unidad de operaciones especializadas y solicitan que se realice una operación de búsqueda selectiva.

CONSIDERACIONES ESPECIALES RESPECTO DE LA DETECCIÓN DURANTE LAS OPERACIONES REFORZADAS

Operaciones de detección reforzadas cuando se intensifican las condiciones de seguridad

3.49. El personal que interviene en las operaciones de detección en el interior de un Estado cuando se intensifican las condiciones de seguridad suele pertenecer a los cuerpos del orden, los organismos de seguridad, las fuerzas de defensa y las organizaciones de apoyo especializado.

3.50. Cada una de esas organizaciones debería elaborar con antelación planes operacionales para llevar a cabo operaciones reforzadas cuando se intensifiquen las condiciones de seguridad. Esos planes deberían partir de escenarios basados en el conocimiento de los riesgos y poder adaptarse a la situación que haya hecho que se intensifiquen las condiciones de seguridad. Al planificar las operaciones de detección, deberían tenerse en cuenta las ventajas y desventajas de las operaciones de carácter manifiesto y las de carácter discreto en relación con la detección de material nuclear y otro material radiactivo no sometido a control reglamentario. El alcance de la intensificación de las condiciones de seguridad se debería determinar según un enfoque basado en el conocimiento de los riesgos y debería definir en qué lugar se intensificarán las condiciones de seguridad y por cuánto tiempo. Puesto que la demanda de recursos para mantener tales operaciones es mayor, se deberían definir con claridad los criterios para declarar la intensificación de las condiciones de seguridad y para determinar su alcance (incluidas las autoridades competentes que participarán).

3.51. Para realizar tareas de detección cuando se intensifican las condiciones de seguridad a causa de una alerta informativa general, se deberían adoptar las medidas que se indican a continuación. Deberían adaptarse los planes operacionales preexistentes relativos a las operaciones reforzadas, y deberían desplegarse más recursos, en función del plan y de la situación. Eso podría incluir el despliegue de patrullas adicionales (véanse los párrs. 3.22 a 3.26), el establecimiento de puestos de control adicionales donde el personal pueda llevar a cabo operaciones según las obligaciones que tenga asignadas (véanse los párrs. 3.27 a 3.33), y/o el despliegue de patrullas itinerantes formadas por grupos que hayan recibido capacitación especializada provistos de equipo portátil de detección de radiación (por ejemplo, sistemas de detección de radiación en mochila). Las patrullas itinerantes también podrían utilizar sistemas de detección de radiación montados en vehículos o aéreos.

3.52. A continuación se presenta un ejemplo de escenario de operación de detección reforzada cuando se intensifican las condiciones de seguridad. El nivel de amenaza nacional en un Estado se intensifica tras descubrirse información creíble, aunque poco específica, sobre una amenaza de uso ilícito de material nuclear u otro material radiactivo contra el Estado. No se indica el material ni ningún sospechoso en concreto, pero se instruye a las organizaciones de seguridad que intensifiquen las condiciones de seguridad durante un período determinado cerca de posibles objetivos, de las vías de tránsito y de las instalaciones en las que se produce, utiliza o almacena material nuclear u otro material radiactivo. Las organizaciones de seguridad adaptan el plan operacional existente en función de la información disponible sobre la amenaza, en cooperación con expertos técnicos y científicos de la autoridad reguladora nacional. Las organizaciones de seguridad despliegan capacidades adicionales de detección de radiación en los lugares o vías que se consideran más vulnerables frente a la presunta amenaza.

Operaciones de detección reforzadas durante un evento de gran resonancia

3.53. El personal que interviene en la seguridad de los eventos de gran resonancia suele pertenecer a los cuerpos del orden, los organismos de seguridad, los grupos de eliminación de municiones explosivas, las fuerzas de defensa y partes interesadas privadas, como contratistas privados que se encargan de la seguridad de un lugar o de proteger a personalidades (por ejemplo, políticos, celebridades, dignatarios).

3.54. El plan operacional de detección en un evento de gran resonancia se debería elaborar con antelación, en consulta con todas las partes interesadas pertinentes, y se debería integrar en el plan general de seguridad para el evento. Las autoridades competentes deberían considerar la posibilidad de servirse de operaciones de detección de carácter tanto manifiesto como discreto para crear una estrategia de defensa en profundidad. Además, deberían tener en cuenta el alcance, la ubicación y la duración del evento. En la referencia [6] figuran más orientaciones sobre los sistemas y medidas de seguridad física nuclear que pueden establecer o aplicar los Estados en que se celebra un gran evento público[5].

---

[5] En la ref. [6] se define un gran evento público como "[e]vento de gran resonancia que, según un Estado, constituye un *blanco* posible, como los encuentros deportivos, políticos y religiosos que atraen a grandes cantidades de espectadores y participantes".

3.55. Para aplicar medidas de seguridad física a un evento y posibilitar la implementación de medidas de detección de radiación, deberían seguirse los siguientes pasos. Antes del inicio del evento, el personal debería realizar un reconocimiento de la zona y un estudio radiológico, además de otras inspecciones de seguridad (por ejemplo, para buscar explosivos). Las medidas de ese tipo ayudan a determinar los niveles de radiación de fondo, si un lugar presenta niveles elevados de radiación o si existe alguna amenaza en la zona donde está previsto que se celebre el evento. Los estudios radiológicos pueden llevarse a cabo utilizando equipo portátil de detección de radiación (por ejemplo, detectores en mochila, detectores de radiación gamma y/o neutrónica de mano, dispositivos de identificación de radionucleidos de mano, etc.[6]). Una vez concluidos los reconocimientos y los estudios, el personal debería adoptar medidas de seguridad física en el lugar y establecer la seguridad del perímetro (es decir, blindar la seguridad del lugar).

3.56. Las autoridades responsables de la seguridad del evento deberían desplegar recursos adicionales, como patrullas rutinarias y puestos de control, para detectar material nuclear y otro material radiactivo no sometido a control reglamentario, de conformidad con los procesos preestablecidos. También podrían optar por delimitar una zona alrededor del lugar del evento e intensificar las condiciones de seguridad dentro de esa zona mientras se celebre el evento. Si, durante el reconocimiento de la zona previo al evento o en cualquier otro momento durante la celebración de este, el personal recibe una alarma de un instrumento o una alerta informativa, debería seguir los procedimientos preestablecidos para atribuir y confirmar oportunamente la alarma o la alerta.

3.57. A continuación se presenta un ejemplo de escenario de operación de detección reforzada durante un evento de gran resonancia. Un músico famoso actúa en una sala de conciertos. A partir de la evaluación de las amenazas y del riesgo, las autoridades locales deciden desplegar en el lugar recursos de detección de radiación. Los agentes locales de los cuerpos del orden trabajan en coordinación con expertos técnicos y científicos del órgano nacional de reglamentación nuclear, así como con el personal de la empresa privada que se encarga de la seguridad de la sala y del músico, a fin de elaborar un plan operacional para desplegar las capacidades de detección de radiación. Dicho plan operacional comprende un estudio radiológico como parte del reconocimiento de seguridad previo al concierto, el despliegue de personal capacitado provisto de equipo de detección en las entradas a la sala para inspeccionar a los asistentes que ingresan

[6] En el anexo I se describe el equipo utilizado en las actividades de detección de radiación.

y patrullas dentro de la sala durante el concierto. Además, el plan también incluye protocolos para movilizar a un grupo de expertos *in situ* provisto de dispositivos de identificación de radionucleidos de mano a fin de resolver rápidamente cualquier alarma de un instrumento.

CONSIDERACIONES ESPECIALES RESPECTO DE LA DETECCIÓN DURANTE OPERACIONES SELECTIVAS O ESPECÍFICAS

Operaciones de búsqueda selectiva

3.58. El personal que interviene en las operaciones de búsqueda selectiva suele pertenecer a los cuerpos del orden, los organismos de seguridad, las fuerzas de defensa y las organizaciones de apoyo técnico. El personal ha de obtener la facultad legal para llevar a cabo búsquedas de material nuclear u otro material radiactivo no sometido a control reglamentario, de conformidad con la legislación y los reglamentos nacionales.

3.59. En función de la información disponible, el personal debería elaborar un plan de búsqueda antes de iniciar las operaciones de búsqueda selectiva. En el plan de búsqueda deberían tenerse en cuenta las ventajas y desventajas de los métodos de detección de carácter manifiesto y los de carácter discreto, así como qué entidad está facultada y tiene competencia para llevar a cabo la búsqueda en un lugar determinado del Estado. El plan también debería incluir disposiciones para la selección del tipo de equipo adecuado para detectar material en el lugar en cuestión.

3.60. El personal debería tener acceso al equipo y los recursos que se hayan de emplear durante la búsqueda, como detectores de mano o en mochila, dispositivos de identificación de radionucleidos y sistemas de detección de radiación montados en vehículos, y haber recibido capacitación especializada sobre su uso. El personal que planifica e implementa las operaciones debería ser consciente de las funciones y limitaciones de cada tipo de equipo. Deberían existir procesos preestablecidos para poner en marcha, según proceda, los planes de respuesta a nivel local o nacional, que abarcan las medidas de seguridad física nuclear y las medidas de respuesta a emergencias pertinentes. Se debería examinar periódicamente la probidad de los miembros del personal.

3.61. Las autoridades competentes que llevan a cabo las operaciones de búsqueda selectiva deberían adoptar las medidas siguientes:

a) El proceso de planificación de una búsqueda selectiva debería comenzar con la determinación del alcance de la búsqueda, el reconocimiento y la vigilancia del lugar de manera discreta, la coordinación con otras autoridades competentes y la especificación de los recursos necesarios (es decir, los que se adecuan al material que se pretende localizar con la búsqueda). El personal que planifica e implementa las operaciones puede solicitar apoyo técnico y científico especializado al órgano regulador o a otras organizaciones de apoyo especializado con el fin de determinar las técnicas de búsqueda óptimas y seleccionar el equipo adecuado. Tras ello, el personal debería desplegar recursos técnicos y humanos de acuerdo con el plan de búsqueda y utilizar el equipo de detección de radiación disponible para detectar material nuclear u otro material radiactivo no sometido a control reglamentario. Dependiendo del material en cuestión y de la zona en que se realice la búsqueda, para llevar a cabo una búsqueda puede utilizarse el equipo de detección de radiación siguiente: detectores de radiación personales; detectores de radiación gamma y/o neutrónica de mano; sistemas de detección de radiación en mochila, y sistemas de detección de radiación montados en vehículos, aéreos o marítimos.
b) Si, en el transcurso de la búsqueda, la alarma de un instrumento o una alerta informativa indica la posible presencia de radiación, el personal debería seguir el procedimiento operacional de evaluación inicial de alarmas y alertas. Eso incluye determinar si la alarma del instrumento o la alerta informativa es una falsa alarma o una alarma inocua o si hay indicios de una inquietud real en materia de seguridad física nuclear. En el caso de las alertas informativas, también debería confirmarse su validez.
c) Si se determina que la alarma del instrumento o la alerta informativa es una falsa alarma o una alarma inocua, el personal puede dejar registro de ello y soltar cualquier material presente. Si se determina que la alarma o la alerta no es inocua, se debería notificar a las organizaciones de respuesta correspondientes y se deberían adoptar medidas protectoras y otras medidas de respuesta según lo indicado en las referencias [10 y 11].
d) Más concretamente, una vez que se confirma la alarma o la alerta y que se ha determinado que no hay ningún peligro radiológico, el personal debería adoptar medidas de seguridad física en el lugar y realizar la evaluación inicial de la alarma o la alerta. El personal también puede apartar de los materiales o bienes o aislar a las personas presentes en el lugar, y detener a las personas sospechosas y aprehender el material sospechoso. Para la

identificación inicial pueden utilizarse dispositivos de identificación de radionucleidos de mano.

e) Debería solicitarse apoyo especializado para analizar los resultados y determinar si el material encontrado coincide con la descripción del material que era objeto de la búsqueda selectiva. En caso de que no sea así, el material se debería almacenar de forma segura, y se debería documentar lo sucedido y continuar con la búsqueda.

3.62. A continuación se presenta un escenario de ejemplo de una operación de búsqueda selectiva. Un transportista autorizado para transportar una fuente radiactiva en desuso de ^{60}Co denuncia ante el órgano regulador el robo de la fuente. A partir de información de los cuerpos del orden, se define una zona en la que es probable que se encuentre la fuente desaparecida y se elabora un plan de búsqueda. Se forma un grupo de búsqueda provisto de equipo de detección de radiación, que se despliega de acuerdo con el plan de búsqueda. El grupo localiza e identifica la fuente radiactiva y adopta medidas de seguridad física en el lugar, que se trata como el lugar de un delito radiológico. El material radiactivo se recupera y se traslada a un lugar de almacenamiento seguro.

Detección mediante una alerta informativa procedente de operaciones encubiertas

3.63. El personal que interviene en las actividades de detección mediante una alerta informativa procedente de operaciones encubiertas suele pertenecer a los cuerpos del orden, las organizaciones de apoyo especializado y los organismos de seguridad.

3.64. Entre las operaciones encubiertas habituales para detectar material nuclear y otro material radiactivo no sometido a control reglamentario se encuentran las operaciones secretas[7], las operaciones de compra que llevan a un arresto[8] y la entrega vigilada[9].

---

[7] En las operaciones secretas se recurre al engaño para atrapar a una persona mientras está cometiendo un delito. Por lo general, en una operación secreta, un agente de los cuerpos del orden finge ser un delincuente o una posible víctima y deja hacer a un sospechoso a fin de reunir pruebas de las actividades ilegales de esa persona.

[8] En las operaciones de compra que llevan a un arresto, un agente encubierto de los cuerpos del orden compra de manera controlada material ilícito al autor de un delito. Una vez concluida la compra, se detiene al autor y se aprehende el material.

[9] La entrega vigilada es una táctica que consiste en detectar una remesa de material ilícito y permitir que continúe su curso bajo el control y la vigilancia de agentes de los cuerpos del orden con el fin de obtener pruebas contra quienes organizaron la actividad delictiva.

3.65. Las autoridades competentes que planifican las operaciones deberían ser conscientes de quién tiene facultad legal para llevar a cabo una operación encubierta. Antes de poner en marcha una operación de detección encubierta específica, el personal debería obtener una autorización para llevar a cabo la operación propuesta de conformidad con los procedimientos jurídicos en vigor.

3.66. El personal debería haber recibido capacitación especializada sobre el uso del equipo y los recursos que se emplearán durante las operaciones, como detectores de mano o sistemas de detección móviles. El personal que planifica y lleva a cabo la operación debería ser consciente de las funciones y las limitaciones de cada tipo de equipo desplegado a fin de determinar cuál, si se precisa alguno, es el adecuado para la operación encubierta prevista.

3.67. En el caso de las actividades de detección mediante una alerta informativa recibida durante la realización de operaciones encubiertas, se deberían adoptar las medidas que se indican a continuación:

a) El proceso de planificación debería incluir la determinación del alcance de las operaciones, el reconocimiento del lugar, la coordinación con otras autoridades competentes y la especificación de los recursos necesarios para llevar a cabo la operación. El personal debería desplegar los recursos de conformidad con el plan operacional de su organización.
b) Si se observa alguna actividad o material sospechosos, el personal debería utilizar las técnicas y la información a su disposición para confirmar la presencia de material nuclear u otro material radiactivo. Si durante las operaciones no es posible o factible llevar a cabo actividades de detección de radiación, el personal debería realizar un examen visual del material. A continuación, debería decidir si aprehender el material sospechoso o continuar investigando hasta reunir más pruebas y poder confirmar la alarma o la alerta.
c) Si se aprehende el material, se confirma la alarma o la alerta y se determina que no hay ningún peligro radiológico, el personal debería adoptar medidas de seguridad física en el lugar y realizar una evaluación inicial de la alarma o la alerta. El personal debería ponerse en contacto con personal de apoyo especializado para que este efectúe la identificación de radionucleidos y confirme si la alarma indica una inquietud real en materia de seguridad física nuclear.
d) Si se determina que se trata de una falsa alarma o una alarma inocua, el personal puede reanudar sus operaciones. Si se determina que no se trata de una alarma inocua, el caso se debería notificar a las organizaciones de

respuesta correspondientes y se deberían adoptar medidas protectoras y otras medidas de respuesta según lo indicado en las referencias [10 y 11].

4. FUNCIÓN DE LA INFORMACIÓN EN LAS OPERACIONES DE DETECCIÓN EN EL INTERIOR DE UN ESTADO

4.1. La información desempeña una función esencial en la planificación y la realización de operaciones de detección en el interior de un Estado. En el párrafo 5.1 de la referencia [3] se indica que "[las] alertas [informativas], que posiblemente indican la existencia de un suceso relacionado con la seguridad física nuclear, pueden provenir de distintas fuentes, entre ellas la información operacional y la vigilancia médica y de las fronteras, y, combinadas con una evaluación de seguimiento, pueden permitir detectar tales actos".

4.2. Las operaciones de detección en el interior de un Estado se deberían implementar según un enfoque graduado, basado en las actualizaciones de la evaluación de las amenazas y del riesgo que se vayan realizando al analizar la información relacionada con la seguridad física nuclear. Así, cuando no se haya detectado ninguna amenaza específica, se pueden implementar operaciones rutinarias; cuando al analizar la información se detecte un riesgo elevado, se pueden planificar e implementar operaciones reforzadas, y, cuando se haya detectado una amenaza específica mediante una alerta informativa o la alarma de un instrumento, se pueden planificar e implementar operaciones selectivas o específicas.

4.3. Los Estados deberían utilizar procesos eficaces de recopilación, análisis y difusión de información a fin de determinar la mejor manera de desplegar los recursos de detección. La gestión de la información puede ayudar a resolver los desafíos que plantea la detección en el interior de un Estado, pues sirve de base para establecer prioridades en cuanto a dónde, cuándo y cómo que se llevarán a cabo las operaciones de detección.

4.4. En el párrafo 3.8 de la publicación Nº 23-G de la *Colección de Seguridad Física Nuclear del OIEA* [21], titulada *Seguridad física de la información nuclear*, se señala que "[l]a política estatal sobre la seguridad física de la información debería definir el tipo de información que el Estado desea proteger, e indicar

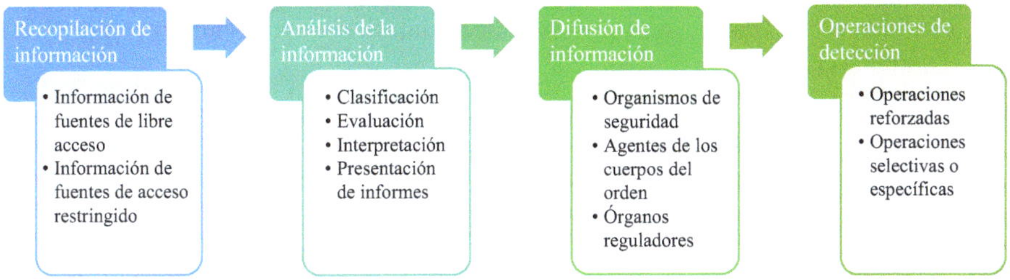

Fig. 1. Proceso de tratamiento de la información para realizar operaciones de detección

cómo se garantizará su seguridad física”. Tales políticas y protocolos de seguridad física de la información deberían incorporarse a los procesos a nivel de las organizaciones y al plan conjunto de operaciones de detección de material nuclear y otro material radiactivo no sometido a control reglamentario (véase el anexo II).

4.5. El proceso general de recopilación, tratamiento, difusión y utilización de la información para orientar las operaciones de detección en la esfera de la seguridad física nuclear se describe en los párrafos 4.6 a 4.20 y se encuentra representado en la figura 1. El Estado debería definir las fuentes de información que pueden utilizarse, la autoridad competente responsable de analizar la información y los usuarios finales de los informes analíticos. En general, las autoridades competentes y otras partes interesadas en el interior de un Estado deberían recopilar información de todas las fuentes disponibles. Esos datos sin procesar deberían autenticarse y luego analizarse, tarea que puede consistir en clasificar, evaluar e interpretar la información a fin de elaborar un informe analítico de las principales constataciones que sean relevantes para las operaciones de detección en el interior del Estado. Los informes analíticos deberían transmitirse a las autoridades competentes pertinentes y pueden ser utilizados por otras partes interesadas como base de la planificación, la implementación y la evaluación de las operaciones de detección en el interior del Estado.

RECOPILACIÓN DE INFORMACIÓN

4.6. Las autoridades competentes pueden utilizar la información para diseñar, implementar y llevar a cabo operaciones eficaces de detección en el interior de un Estado. Entre los tipos de información que pueden recopilarse figuran los siguientes:

a) información operacional;
b) información detallada procedente de la vigilancia médica;

c) informes de casos en que los licenciatarios no hayan cumplido los reglamentos;
d) informes de casos de pérdida del control reglamentario sobre material nuclear y otro material radiactivo, y
e) información procedente del público y de otras fuentes externas que puede hacer que se decida intensificar el estado de alerta o las condiciones de seguridad.

4.7. Las autoridades competentes pueden recopilar o recibir información de fuentes de libre acceso y de acceso restringido. Las fuentes de libre acceso se componen de información disponible públicamente (por ejemplo, en los medios de comunicación, los medios sociales, material publicado, la web oscura), y las fuentes de acceso restringido se componen de información que no está disponible públicamente y es generada por autoridades (por ejemplo, informes de casos de pérdida del control reglamentario sobre material nuclear y otro material radiactivo, informes de inteligencia, otra información procedente de actividades de recopilación de datos de inteligencia).

4.8. Las fuentes de información pueden ser nacionales o internacionales. Las fuentes de información nacionales incluyen los datos de inteligencia (tanto a nivel estratégico como operacional), los procedimientos oficiales de presentación de información y los mecanismos de cooperación existentes entre las autoridades competentes. Las fuentes de información internacionales incluyen cualquier fuente de información de una entidad ubicada fuera del Estado, como la Base de Datos sobre Incidentes y Tráfico Ilícito (ITDB) del OIEA [22], el Sistema Unificado de Intercambio de Información sobre Incidentes y Emergencias (USIE) del OIEA [23], la Organización Internacional de Policía Criminal (INTERPOL)[10], las redes regionales de intercambio de información y los intercambios bilaterales de información entre países vecinos que se efectúan de conformidad con acuerdos de cooperación.

4.9. La información operacional debería incluir información sobre la presencia de material nuclear y otro material radiactivo autorizado en la zona de la que es responsable una autoridad competente u otra parte interesada. Las autoridades competentes deberían transmitir información pertinente sobre el inventario nacional de fuentes radiactivas al personal autorizado de las organizaciones de seguridad solo en los casos en que sea esencial que este la conozca. La información sobre los tipos de material nuclear y otro material radiactivo que existen dentro de un Estado, así como sobre su ubicación, puede ayudar, por ejemplo, a seleccionar

[10] https://www.interpol.int/es

el equipo y las tácticas que se utilizarán en las operaciones de detección. Entre dicha información pueden figurar los tipos de radionucleidos, la actividad, las tasas de dosis previstas, las características físicas del material y, en el caso de las fuentes radiactivas, datos adicionales como el tipo de fuente, el modelo, el embalaje y el etiquetado.

4.10. La información operacional sobre posibles adversarios en el interior de un Estado también puede servir de base para planificar e implementar operaciones de detección. Las pistas de investigación o la información procedente de otras actividades relacionadas con el cumplimiento de la ley podrían generar alertas informativas o dar lugar a operaciones de detección de material no sometido a control reglamentario.

4.11. Entre la información sobre otros peligros de relevancia para planificar y llevar a cabo operaciones de detección en el interior de un Estado podría encontrarse aquella relativa a la presencia y la ubicación de adversarios armados y de explosivos o sustancias químicas inflamables.

4.12. La pronta notificación por los licenciatarios[11] de la desaparición, la pérdida o el robo de material nuclear u otro material radiactivo puede servir de base de operaciones de búsqueda selectiva. El órgano regulador suele ser la primera organización en recibir información de ese tipo y debería disponer de protocolos para notificarla rápidamente a las organizaciones de seguridad pertinentes (véanse los párrs. 5.17 a 5.21 de la ref. [2]), las cuales podrán implementar las operaciones de búsqueda necesarias.

4.13. La información obtenida de los servicios médicos y las autoridades sanitarias sobre lesiones o muertes que podrían haber sido causadas por la radiación puede poner de manifiesto que se ha producido un suceso relacionado con la seguridad física nuclear. Los Estados deberían definir procedimientos para proteger la información en los casos en que los cuerpos del orden y las autoridades de salud pública intercambien datos médicos de carácter confidencial. En el anexo III figura más información sobre la gestión de las alertas informativas procedentes de la vigilancia médica.

---

[11] Se denomina licenciatario al poseedor de una licencia en vigor. El licenciatario es "la *persona o entidad* que tiene la responsabilidad global de una *instalación* o una *actividad*" [24]. Por ejemplo, un licenciatario puede ser el operador de una instalación nuclear, una instalación industrial, un hospital u otra instalación médica, o una instalación de investigación.

4.14. Las autoridades competentes también pueden recibir del público información que indique la existencia de una amenaza, una actividad sospechosa, una situación anormal o un posible acto delictivo o acto intencional no autorizado relacionado con material nuclear u otro material radiactivo. Los cuerpos del orden y los organismos de seguridad deberían crear programas de divulgación junto con otras partes interesadas, como la industria, el mundo académico y los licenciatarios de material nuclear u otro material radiactivo, con objeto de reforzar las relaciones de colaboración y de promover la conciencia situacional en las autoridades.

ANÁLISIS DE LA INFORMACIÓN

4.15. El análisis de la información es un paso clave en la planificación y la implementación de operaciones de detección en el interior de un Estado. Muchas autoridades competentes y partes interesadas que tienen mandatos típicos en materia de seguridad disponen de sus propios procesos de recopilación y análisis de información, que se corresponden con los cuatro pasos del análisis de la información: 1) clasificación, 2) evaluación, 3) interpretación y 4) presentación de informes.

4.16. En el caso de la detección en la esfera de la seguridad física nuclear en el interior de un Estado, el proceso de análisis de la información exige que varios organismos cooperen, puesto que se basa en la capacidad, los conocimientos especializados y la experiencia en materia de recopilación de información de organizaciones muy diversas, como los cuerpos del orden, los organismos de inteligencia, los órganos reguladores y las organizaciones de apoyo técnico. En el proceso de análisis de la información deberían participar expertos en material nuclear y otro material radiactivo, o se deberían celebrar consultas con ellos, dado que los cuerpos del orden y las organizaciones nacionales de seguridad podrían no disponer de los conocimientos técnicos necesarios al respecto.

4.17. Mediante este proceso de análisis, la información recopilada se compila en un informe analítico que las autoridades competentes y las partes interesadas pertinentes pueden utilizar para planificar e implementar operaciones de detección en el interior de un Estado. Aunque puede haber mucha información disponible, que además tal vez se actualice constantemente, el personal que realiza los análisis a menudo experimenta restricciones de tiempo para entregar los resultados correspondientes a las organizaciones que llevan a cabo las operaciones.

DIFUSIÓN DE INFORMACIÓN

4.18. Los informes analíticos sobre seguridad física nuclear deberían transmitirse a las partes interesadas solo en los casos en que sea esencial que estas los conozcan. Mediante intercambios de información entre las autoridades competentes pertinentes, en el proceso de análisis de la información, en que participan varios organismos, se pueden aprovechar y complementar los procesos existentes de recopilación y análisis de información. Se debería velar por que los informes analíticos se difundan de forma segura de conformidad con las políticas y procedimientos existentes de protección de la información (véase la ref. [21]).

4.19. En la transmisión de información también se debería incluir a las autoridades competentes y otras partes interesadas que realicen operaciones en diferentes niveles de la arquitectura de detección, incluso en las fronteras del Estado o fuera de ellas, puesto que un suceso relacionado con la seguridad física nuclear puede afectar varios niveles de los sistemas y medidas establecidos para proteger los objetivos. Una estrategia de difusión de información que describa procesos para transmitir información a las partes interesadas regionales y locales puede aprovechar con eficacia los recursos nacionales, regionales y locales, al tiempo que se mantienen las prácticas de seguridad física de la información.

4.20. La recopilación, el análisis y la difusión de información permiten a las autoridades competentes definir y priorizar los lugares y vías estratégicos para llevar a cabo operaciones de detección en el interior de un Estado.

5. FUNCIÓN DEL EQUIPO EN LA DETECCIÓN EN EL INTERIOR DE UN ESTADO

5.1. Aunque un posible suceso relacionado con la seguridad física nuclear en el interior de un Estado se puede detectar mediante una alerta informativa o la alarma de un instrumento, siempre se debería utilizar equipo de detección de radiación para confirmar la presencia de material nuclear y otro material radiactivo no sometido a control reglamentario. Eso puede confirmarse utilizando un solo tipo de equipo de detección de radiación o una combinación de diferentes tipos, especialmente al realizar la evaluación inicial de una alarma.

5.2. Las alarmas de instrumentos pueden proceder de una gran variedad de instrumentos de detección de radiación. En el anexo I se presentan algunos de los distintos tipos de equipo que suelen utilizarse en la detección de radiación en el interior de un Estado. Algunos son suficientemente pequeños como para llevarlos encima (los detectores de radiación personales), otros se llevan en la mano o en una mochila y otros se instalan en vehículos.

5.3. De conformidad con la publicación Nº 1 de la *Colección de Seguridad Física Nuclear del OIEA* [25], titulada *Technical and Functional Specifications for Border Monitoring Equipment*, el tipo de instrumento de detección más adecuado para una operación concreta se debe elegir en función de las condiciones ambientales y de los escenarios que probablemente se definan a partir de una evaluación de las amenazas y del riesgo, lo que incluye el tipo de material de interés, la firma del material y las tácticas que se espera que utilice el adversario. En la referencia [25] se señala además que los instrumentos de detección pueden utilizarse para estudiar una zona, generar alarmas de instrumentos, buscar y localizar material (es decir, la evaluación inicial de una alarma) o averiguar de qué radionucleidos se trata.

PLAN DE DESPLIEGUE DE INSTRUMENTOS DE DETECCIÓN

5.4. En el párrafo 7.4 de la referencia [3] se indica lo siguiente:

> "Basándose en la estrategia de detección y actuando dentro del marco de la arquitectura nacional de detección en la esfera de la seguridad física nuclear, las autoridades competentes podrían elaborar uno o más planes de instalación de instrumentos con arreglo a la evaluación de la amenaza de actos delictivos o no autorizados relacionados con material nuclear u otro material radiactivo no sometido a control reglamentario. Deberían considerarse los siguientes aspectos:
>
> — la monitorización radiológica en los POE [puntos de salida y/o de entrada] ubicados en fronteras terrestres, puertos marítimos y aeropuertos;
> — la monitorización radiológica en el interior del país y la búsqueda de material nuclear y otro material radiactivo no sometido a control reglamentario;
> — la monitorización radiológica en recintos para eventos públicos importantes y en cualquier otro lugar estratégico que se considere vulnerable a ataques con un IND [dispositivo nuclear improvisado], un RDD [dispositivo de dispersión radiactiva] o un RED [dispositivo de exposición a la radiación]".

5.5. El plan de despliegue de instrumentos en el interior de un Estado debería incluir los componentes siguientes:

a) instrumentos de detección de radiación: la cantidad y el tipo de instrumentos que se desplegarán y su ubicación en el interior del Estado;
b) tecnología complementaria (véanse los párrs. 5.17 a 5.19), y
c) capacidades e infraestructura de apoyo necesarias para las operaciones de detección (por ejemplo, capacitación, calibración, mantenimiento, suministro de energía eléctrica).

En la referencia [3] figura más información sobre los componentes de un plan de despliegue de instrumentos de detección.

5.6. Al elaborar el plan de despliegue de los instrumentos, deberían tenerse en cuenta los siguientes factores:

a) los costos relacionados con todo el ciclo de vida de los instrumentos (por ejemplo, la adquisición, la calibración, el mantenimiento);
b) los costos de sustitución una vez que los instrumentos se dejen de utilizar en las operaciones;
c) el personal necesario para manejar los instrumentos, y
d) otros recursos necesarios para los procedimientos de evaluación y atribución de alarmas (por ejemplo, infraestructura, capacitación del personal).

5.7. El plan de despliegue de instrumentos debería elaborarse siguiendo un enfoque holístico como parte de una arquitectura funcional de detección en la esfera de la seguridad física nuclear. Debería abarcar tanto la detección en las fronteras estatales como la detección en el interior del Estado, a fin de que se satisfagan las necesidades de equipo de todas las autoridades competentes.

5.8. En el párrafo 3.63 de la referencia [7] se indica lo siguiente:

> "Entre las consideraciones para comprar equipo (incluidos el equipo y los programas informáticos asociados) relacionadas con su funcionalidad figuran las siguientes:
>
> a) su capacidad para sustentar el concepto de operaciones y el diseño;
> b) su capacidad para detectar y medir los niveles de radiación asociados al material de interés para la seguridad física nuclear;
> c) su capacidad para reconocer de qué material se trata;

d) su fiabilidad (capacidad de funcionar de forma adecuada sistemáticamente) en las condiciones ambientales previstas en el lugar de detección;
e) su compatibilidad con el equipo existente;
f) su capacidad para cumplir las especificaciones de visualización, almacenamiento y conservación de datos;
g) la facilidad y la fiabilidad de la calibración;
h) su certificación como equipo cualificado para el fin previsto;
i) las necesidades de capacitación respecto a los operadores;
j) su facilidad de uso en general".

5.9. Es preciso que, al elegir el equipo de detección de radiación que se vaya a desplegar en el interior de un Estado, se tengan en cuenta los desafíos específicos del interior del Estado (véanse los párrs. 2.11 a 2.19). La mejor manera de llevar a cabo actividades de detección, en zonas extensas y terrenos de diversas características, con el fin de cubrir las posibles vías de los adversarios que presentan más riesgo es utilizar equipo móvil y/o portátil, duradero y versátil. Esos factores se deberían tener en cuenta durante la fase de planificación y compra para ayudar a optimizar el rendimiento del equipo de detección durante las operaciones.

5.10. En el plan de despliegue se debería tener en cuenta cuál es la combinación adecuada de equipo de detección para atender del mejor modo posible las necesidades operacionales. Las autoridades competentes y otras partes interesadas deberían conocer las capacidades y limitaciones del equipo elegido, como su sensibilidad, su tamaño, su durabilidad, la duración y el tiempo de carga de la batería y su capacidad de almacenamiento, a fin de determinar la forma más eficaz de incorporar los instrumentos a los planes y procedimientos operacionales.

5.11. La elaboración del plan de despliegue de instrumentos debería ser una actividad entre varios organismos en que participen todas las autoridades competentes pertinentes y otras partes interesadas que intervengan en la arquitectura de detección en la esfera de la seguridad física nuclear. En ella, deberían tenerse en cuenta las necesidades individuales y colectivas de los distintos organismos que respondan de la mejor forma posible a las metas de la estrategia de detección a nivel nacional y operacional.

5.12. Un plan coordinado de selección y despliegue de equipo permite al Estado aprovechar al máximo el uso de los recursos (por ejemplo, porque no se compra equipo redundante o inadecuado) y considerar detenidamente el equilibrio entre los costos y las capacidades que se desea que tenga el equipo para contrarrestar de la mejor manera los riesgos para la seguridad física nuclear detectados.

5.13. Al desplegar el equipo de detección de radiación en el interior del Estado, los grupos encargados de las operaciones pueden utilizar la información existente sobre los lugares donde los niveles de radiación son elevados (es decir, las “zonas críticas”) al interpretar las mediciones que realicen sobre el terreno y atribuir las alarmas. Dicha información puede obtenerse de las actividades de monitorización radiológica realizadas anteriormente en el país (por ejemplo, los resultados de estudios recientes de la radiación de fondo acumulados a través de las operaciones de detección en el interior del Estado).

MANEJO DEL EQUIPO DE DETECCIÓN DE RADIACIÓN

5.14. En el párrafo 6.3 de la referencia [3] se indica lo siguiente:

> “Debería velarse por la disponibilidad de apoyo técnico para evaluar las alarmas y prestar asistencia en la evaluación inicial. Los grupos de apoyo especializado que prestan apoyo técnico deberían incluir a personas provistas del equipo necesario y capacitadas para utilizar instrumentos básicos de vigilancia radiológica con fines de clasificación de los materiales radiactivos, así como para desempeñar tareas relacionadas con la protección radiológica”.

5.15. Durante la evaluación inicial de la alarma de un instrumento o de una alerta informativa, deberían realizarse mediciones con equipo de detección de radiación a fin de verificar si se trata de una alerta o de una alarma inocua —en cuyo caso, debería registrarse el incidente y soltarse el material— o si se confirma la presencia de material no sometido a control reglamentario —en cuyo caso, podría declararse un suceso relacionado con la seguridad física nuclear. De esas mediciones pueden ocuparse grupos de apoyo especializado o personal capacitado de las autoridades competentes que lleven a cabo las operaciones de detección.

5.16. El Estado debería tener en cuenta los tiempos de respuesta necesarios para que los grupos de apoyo especializado se desplieguen sobre el terreno a fin de prestar apoyo a diversos tipos de operaciones de detección. También debería tener en cuenta que las operaciones de ese tipo podrían realizarse en cualquier lugar del interior del Estado. Los grupos de apoyo especializado deberían contar con la capacitación y el equipo adecuados para identificar el material sospechoso dentro del plazo en se puede tener detenidos legalmente a los sospechosos y aprehendido el material.

Tecnología complementaria

5.17. Además de los instrumentos de detección de radiación, la detección en el interior de un Estado de actos delictivos o actos intencionales no autorizados relacionados con material nuclear u otro material radiactivo no sometido a control reglamentario puede complementarse con otras tecnologías de seguridad física. Por ejemplo, las autoridades competentes y otras partes interesadas que realizan operaciones en el interior del Estado suelen desplegar las tecnologías que se indican a continuación o tener acceso a ellas:

a) Equipo de detección de explosivos (trazas o volúmenes mayores). Al examinar el contenido sospechoso con este equipo, junto con equipo de detección de radiación, se puede confirmar la presencia o la ausencia de un dispositivo de dispersión radiactiva.
b) Equipo clásico de vigilancia de seguridad (por ejemplo, cámaras de vigilancia, televisión en circuito cerrado). Este equipo se puede usar para obtener información en tiempo real que complemente las operaciones de detección en el interior del Estado, y también para llevar a cabo el reconocimiento automático de matrículas, el reconocimiento facial, la seguridad de perímetros y el seguimiento de los movimientos de los adversarios.
c) Equipo no intrusivo. Este equipo puede utilizarse para la inspección de personas o mercancías con fines de detección de contrabando. Por ejemplo, los sistemas de obtención de imágenes por rayos X (por ejemplo, los detectores de metales) y por rayos gamma pueden detectar la presencia de blindaje u objetos metálicos sospechosos que indiquen la presencia de una fuente radiactiva, blindaje de una fuente o contenedores.
d) Equipo y programas informáticos de un sistema mundial de posicionamiento (GPS). Con este equipo, junto con equipo de detección de radiación, se puede levantar un mapa de las zonas en las que se hayan realizado estudios radiológicos y registrar las mediciones de la radiación pertinentes.

5.18. Las autoridades competentes y otras partes interesadas deberían considerar la posibilidad de integrar en sus estrategias de detección la información que generan estas tecnologías complementarias. Además, deberían estudiar métodos o procesos de referencias cruzadas y/o para tratar datos procedentes de distintos sistemas.

5.19. Al implementar operaciones de detección en el interior de un Estado, se debería tener en cuenta la interacción y la interoperabilidad del equipo de detección de radiación con otras tecnologías de seguridad física. Por ejemplo, los sistemas de obtención de imágenes por rayos X o rayos gamma pueden utilizarse para detectar blindajes que pudieran ocultar la firma del material nuclear u otro material radiactivo. No obstante, el equipo de detección de radiación no debería utilizarse cerca de tales sistemas de obtención de imágenes, puesto que las emisiones del equipo podrían causar interferencias o falsas alarmas.

REFERENCIAS

[1] ORGANISMO INTERNACIONAL DE ENERGÍA ATÓMICA, *Objetivo y elementos esenciales del régimen de seguridad física nuclear de un Estado, Colección de Seguridad Física Nuclear del OIEA* Nº 20, OIEA, Viena, 2014, https://doi.org/10.61092/iaea.ajrj-ymul.

[2] INSTITUTO INTERREGIONAL DE LAS NACIONES UNIDAS PARA INVESTIGACIONES SOBRE LA DELINCUENCIA Y LA JUSTICIA, OFICINA DE LAS NACIONES UNIDAS CONTRA LA DROGA Y EL DELITO, OFICINA EUROPEA DE POLICÍA, ORGANISMO INTERNACIONAL DE ENERGÍA ATÓMICA, ORGANIZACIÓN DE AVIACIÓN CIVIL INTERNACIONAL, ORGANIZACIÓN INTERNACIONAL DE POLICÍACRIMINAL-INTERPOL, ORGANIZACIÓN MUNDIAL DE ADUANAS, *Recomendaciones de seguridad física nuclear sobre materiales nucleares y otros materiales radiactivos no sometidos a control reglamentario, Colección de Seguridad Física Nuclear del OIEA* Nº 15, OIEA, Viena, 2012.

[3] ORGANISMO INTERNACIONAL DE ENERGÍA ATÓMICA, *Sistemas y medidas de seguridad física nuclear para la detección de material nuclear y otro material radiactivo no sometido a control reglamentario, Colección de Seguridad Física Nuclear del OIEA* Nº 21, OIEA, Viena, 2020.

[4] ORGANISMO INTERNACIONAL DE ENERGÍA ATÓMICA, *Enfoque basado en el conocimiento de los riesgos en materia de medidas de seguridad física nuclear para los materiales nucleares y otros materiales radiactivos no sometidos a control reglamentario, Colección de Seguridad Física Nuclear del OIEA* Nº 24-G, OIEA, Viena, 2022.

[5] INTERNATIONAL ATOMIC ENERGY AGENCY, Planning and Organizing Nuclear Security Systems and Measures for Nuclear and Other Radioactive Material out of Regulatory Control, IAEA Nuclear Security Series No. 34-T, IAEA, Vienna (2019).

[6] ORGANISMO INTERNACIONAL DE ENERGÍA ATÓMICA, *Sistemas y medidas de seguridad física nuclear para grandes eventos públicos, Colección de Seguridad Física Nuclear del OIEA* Nº 18, OIEA, Viena, 2018.

[7] ORGANISMO INTERNACIONAL DE ENERGÍA ATÓMICA, *Detección en las fronteras estatales de material nuclear y otro material radiactivo no sometido a control reglamentario, Colección de Seguridad Física Nuclear del OIEA* Nº 44-T, OIEA, Viena, 2025.

[8] ORGANISMO INTERNACIONAL DE ENERGÍA ATÓMICA, *Recomendaciones de seguridad física nuclear sobre la protección física de los materiales y las instalaciones nucleares* (INFCIRC/225/Rev. 5), *Colección de Seguridad Física Nuclear del OIEA* Nº 13, OIEA, Viena, 2012, https://doi.org/10.61092/iaea.ko2c-dc4q.

[9] ORGANISMO INTERNACIONAL DE ENERGÍA ATÓMICA, *Recomendaciones de seguridad física nuclear sobre materiales radiactivos e instalaciones conexas, Colección de Seguridad Física Nuclear del OIEA* Nº 14, OIEA, Viena, 2012.

[10] ORGANISMO INTERNACIONAL DE ENERGÍA ATÓMICA, *Elaboración de un marco nacional para la gestión de la respuesta a sucesos relacionados con la seguridad física nuclear*, *Colección de Seguridad Física Nuclear del OIEA* Nº 37-G, OIEA, Viena, 2022.

[11] AGENCIA PARA LA ENERGÍA NUCLEAR DE LA ORGANIZACIÓN DE COOPERACIÓN Y DESARROLLO ECONÓMICOS, COMISIÓN PREPARATORIA DE LA ORGANIZACIÓN DEL TRATADO DE PROHIBICIÓN COMPLETA DE LOS ENSAYOS NUCLEARES, OFICINA DE COORDINACIÓN DE ASUNTOS HUMANITARIOS DE LAS NACIONES UNIDAS, ORGANISMO INTERNACIONAL DE ENERGÍA ATÓMICA, ORGANIZACIÓN DE AVIACIÓN CIVIL INTERNACIONAL, ORGANIZACIÓN DE LAS NACIONES UNIDAS PARA LA ALIMENTACIÓN Y LA AGRICULTURA, ORGANIZACIÓN INTERNACIONAL DE POLICÍA CRIMINAL (INTERPOL), ORGANIZACIÓN INTERNACIONAL DEL TRABAJO, ORGANIZACIÓN MARÍTIMA INTERNACIONAL, ORGANIZACIÓN METEOROLÓGICA MUNDIAL, ORGANIZACIÓN MUNDIAL DE LA SALUD, ORGANIZACIÓN PANAMERICANA DE LA SALUD, PROGRAMA DE LAS NACIONES UNIDAS PARA EL MEDIO AMBIENTE, *Preparación y respuesta para casos de emergencia nuclear o radiológica, Colección de Normas de Seguridad del OIEA* Nº GSR Part 7, OIEA, Viena, 2018, https://doi.org/10.61092/iaea.3dbe-055p.

[12] ORGANISMO INTERNACIONAL DE ENERGÍA ATÓMICA, *Elaboración de reglamentos y medidas administrativas conexas de seguridad física nuclear*, *Colección de Seguridad Física Nuclear del OIEA* Nº 29-G, OIEA, Viena, 2022.

[13] ORGANISMO INTERNACIONAL DE ENERGÍA ATÓMICA, *Manual para primeros actuantes ante emergencias radiológicas*, EPR-Primeros actuantes, OIEA, Viena, 2007.

[14] ORGANISMO INTERNACIONAL DE ENERGÍA ATÓMICA, *Mantenimiento de un régimen de seguridad física nuclear*, *Colección de Seguridad Física Nuclear del OIEA* Nº 30-G, OIEA, Viena, 2022.

[15] ORGANISMO INTERNACIONAL DE ENERGÍA ATÓMICA, *Creación de capacidad para la seguridad física nuclear*, *Colección de Seguridad Física Nuclear del OIEA* Nº 31-G, OIEA, Viena, 2020.

[16] INTERNATIONAL ATOMIC ENERGY AGENCY, International Nuclear Security Advisory Service (INSServ) Guidelines, IAEA Services Series No. 39, IAEA, Vienna (2019).

[17] ORGANISMO INTERNACIONAL DE ENERGÍA ATÓMICA, *Preparación, realización y evaluación de ejercicios para la detección y respuesta frente a actos relacionados con materiales nucleares y otros materiales radiactivos no sometidos a control reglamentario*, *Colección de Seguridad Física Nuclear del OIEA* Nº 41-T, OIEA, Viena, 2024.

[18] AGENCIA PARA LA ENERGÍA NUCLEAR DE LA ORGANIZACIÓN DE COOPERACIÓN Y DESARROLLO ECONÓMICOS, COMISIÓN EUROPEA, ORGANISMO INTERNACIONAL DE ENERGÍA ATÓMICA, ORGANIZACIÓN DE LAS NACIONES UNIDAS PARA LA ALIMENTACIÓN Y LA AGRICULTURA, ORGANIZACIÓN INTERNACIONAL DEL TRABAJO, ORGANIZACIÓN MUNDIAL DE LA SALUD, ORGANIZACIÓN PANAMERICANA DE LA SALUD, PROGRAMA DE LAS NACIONES UNIDAS PARA EL MEDIO AMBIENTE, *Protección radiológica y seguridad de las fuentes de radiación: Normas básicas internacionales de seguridad, Colección de Normas de Seguridad del OIEA* Nº GSR Part 3, OIEA, Viena, 2016, https://doi.org/10.61092/iaea.u2pu-60vm.

[19] OFICINA INTERNACIONAL DEL TRABAJO, ORGANISMO INTERNACIONAL DE ENERGÍA ATÓMICA, ORGANIZACIÓN DE LAS NACIONES UNIDAS PARA LA ALIMENTACIÓN Y LA AGRICULTURA, ORGANIZACIÓN MUNDIAL DE LA SALUD, ORGANIZACIÓN PANAMERICANA DE LA SALUD, *Criterios aplicables a la preparación y respuesta a situaciones de emergencia nuclear o radiológica, Colección de Normas de Seguridad del OIEA* Nº GSG-2, OIEA, Viena, 2013. (Se está preparando una versión revisada de esta publicación).

[20] INTERNATIONAL ATOMIC ENERGY AGENCY, WORLD HEALTH ORGANIZATION, Generic Procedures for Medical Response During a Nuclear or Radiological Emergency, EPR-Medical 2005, IAEA, Vienna (2005).

[21] ORGANISMO INTERNACIONAL DE ENERGÍA ATÓMICA, *Seguridad física de la información nuclear, Colección de Seguridad Física Nuclear del OIEA* Nº 23-G, OIEA, Viena, 2018.

[22] ORGANISMO INTERNACIONAL DE ENERGÍA ATÓMICA, Base de Datos sobre Incidentes y Tráfico Ilícito, https://www.iaea.org/es/recursos/bases-de-datos/base-de-datos-sobre-incidentes-y-trafico-ilicito-itdb

[23] INTERNATIONAL ATOMIC ENERGY AGENCY, USIE User's Manual, https://iec.iaea.org/usie

[24] ORGANISMO INTERNACIONAL DE ENERGÍA ATÓMICA, *Glosario de seguridad nuclear tecnológica y física del OIEA: Terminología empleada en seguridad tecnológica nuclear, seguridad física nuclear, protección radiológica y preparación y respuesta para casos de emergencia*, Edición de 2022 (provisional), OIEA, Viena, 2024, https://doi.org/10.61092/iaea.rrxi-t56z.

[25] INTERNATIONAL ATOMIC ENERGY AGENCY, Technical and Functional Specifications for Border Monitoring Equipment, IAEA Nuclear Security Series No. 1, IAEA, Vienna (2006).

Anexo I

EQUIPO DE DETECCIÓN DE RADIACIÓN

I-1. Los detectores de radiación personales son detectores de radiación ligeros y de tamaño reducido que pueden llevarse consigo para detectar rápidamente radiación gamma y, a veces, neutrónica. Estos instrumentos activan una alarma (sonora, visual o vibratoria) si miden un nivel de radiación que sobrepasa un umbral preestablecido y, por lo general, tienen como fin indicar condiciones de posible inseguridad. Se utilizan para garantizar la seguridad personal, con poca o ninguna disrupción de las actividades, puesto que normalmente se puede utilizar el detector eficazmente mientras se realizan otras tareas. Dado que estos detectores son pequeños y compactos, se pueden emplear en condiciones ambientales extremas, son fáciles de usar y requieren una capacitación mínima, los utilizan sobre todo los oficiales de primera línea (por ejemplo, guardias de fronteras, guardacostas, agentes de aduanas, agentes de cuerpos del orden). Es el tipo de equipo de detección de radiación menos costoso, pero su sensibilidad es limitada.

I-2. Los detectores de radiación gamma y/o neutrónica de mano son detectores de radiación portátiles que se utilizan para buscar y localizar material nuclear y otro material radiactivo. Su tamaño es mayor que el de los detectores de radiación personales y suelen ofrecer más sensibilidad de detección, aunque menos que los pórticos detectores de radiación.

I-3. Los dispositivos de identificación de radionucleidos de mano son detectores de radiación que pueden recibir y analizar el espectro de energía gamma emitido por los radionucleidos y reconocer de qué isótopo se trata. También pueden contener un detector de neutrones que tiene la capacidad de indicar la presencia de radiación neutrónica. Disponen de un programa informático integrado para el análisis espectral y contienen bibliotecas de datos sobre radionucleidos que les permiten reconocer los radioisótopos con los que se encuentran con más frecuencia los oficiales de primera línea. Las principales características deseadas en los dispositivos de identificación de radionucleidos son sensibilidad a la radiación gamma, fiabilidad al reconocer los radionucleidos y que indiquen aproximadamente la tasa de exposición. Cuando un dispositivo, como un pórtico detector de radiación o un detector de radiación personal, detecta un objeto que emite radiación, pueden utilizarse dispositivos de identificación de radionucleidos para llevar a cabo la inspección secundaria con el fin de determinar la fuente de radiactividad y evaluar la posible amenaza. La mayoría de los dispositivos de identificación de radionucleidos también pueden utilizarse como detectores de radiación gamma y/o neutrónica de mano para localizar la fuente de radiación.

I-4. Los sistemas de detección de radiación en mochila se utilizan para realizar inspecciones discretas, por ejemplo, en zonas públicas. El detector, que detecta radiación gamma y/o neutrónica y puede o no tener capacidad de identificación, y los componentes electrónicos asociados están dentro de la mochila. Por ello, las mochilas son especialmente útiles para estudios radiológicos en zonas extensas antes de grandes eventos públicos o mientras se celebran, o para detectar radiación a corta distancia, por ejemplo, mientras se camina por el pasillo de un tren de pasajeros o de un autobús. También pueden utilizarse temporalmente para la monitorización radiológica de una zona o instalarse en un vehículo pequeño. Estos sistemas pueden estar equipados con un sistema mundial de posicionamiento (GPS) para fines de cartografía. El peso, la ergonomía, la duración de la batería y su tiempo de carga, la función de transmisión de datos, así como la facilidad de uso y el tiempo necesario para capacitar a los usuarios, son aspectos importantes respecto a su uso.

I-5. Los sistemas de detección de radiación montados en vehículos son sistemas móviles de detección de radiación que se instalan sobre un vehículo o dentro de él. También se denominan "sistemas de detección móviles". Estos sistemas pueden medir la radiación gamma y/o neutrónica, y también pueden ayudar a identificar radionucleidos emisores de radiación gamma. Pueden estar equipados con GPS y tener capacidades de búsqueda y localización. En cuanto al funcionamiento, pueden utilizarse en movimiento o como equipo fijo y ofrecen más flexibilidad.

I-6. Los pórticos detectores de radiación fijos son pórticos de paso, no intrusivos, que consisten en uno o dos pilares que cuentan con detectores de radiación gamma. En algunos casos, pueden complementarlos detectores de neutrones cuando se desea contar con sensibilidad al material nuclear. Pueden utilizarse para monitorizar peatones, vehículos, bultos, equipaje personal y otras cargas. Si la medición de la radiación sobrepasa un umbral preestablecido, el pórtico detector de radiación activará una alarma para indicar la presencia de material nuclear u otro material radiactivo. Estos pórticos incluyen un sensor de presencia y pueden estar vinculados a equipo de grabación de video. Los pórticos detectores de radiación fijos suelen desplegarse para monitorizar el tráfico en puestos de control y en puntos de salida o de entrada designados, como puertos marítimos, aeropuertos, inmediaciones de fronteras terrestres o pasos ferroviarios y establecimientos de correo internacional. Los pórticos detectores de radiación espectroscópicos pueden detectar la radiación y reconocer de qué radionucleidos se trata. Tienen un alto grado de sensibilidad, pero su compra, su instalación y su mantenimiento son más costosos que los de los pórticos detectores de radiación normales.

I-7. Las cintas transportadoras con detector de radiación son pórticos detectores en los que el material pasa por los detectores en un flujo continuo al accionarse una cinta transportadora. Son adecuadas para monitorizar grandes cantidades de objetos, y un ejemplo típico es la monitorización del correo público. Los paquetes y cartas se colocan en una cinta transportadora para detectar con alta sensibilidad la presencia de radiación gamma y neutrónica. Las cintas transportadoras con detector de radiación pueden combinarse con sistemas de rayos X.

I-8. Los sistemas de detección de radiación aéreos pueden ir montados dentro o fuera de una aeronave, incluidas las aeronaves no tripuladas, mientras se utilizan. Pueden usarse para medir, detectar y localizar material radiactivo. Estos sistemas pueden estar equipados con un GPS para fines de cartografía, y los datos que se obtienen de ellos suelen emplearse para cartografiar zonas. En ocasiones pueden medir la radiación gamma y/o neutrónica, y también tener integrada la función de identificación de radionucleidos emisores de radiación gamma.

I-9. Los sistemas de detección de radiación marítimos pueden montarse encima de un buque marítimo o colocarse en su interior. Pueden utilizarse en movimiento o en modo estacionario. En ocasiones pueden medir la radiación gamma y/o neutrónica, tener integrada la función de identificación de radionucleidos emisores de radiación gamma y estar equipados con GPS. Se fabrican para funcionar exclusivamente en entornos marinos.

Anexo II

EJEMPLO DE MODELO DE PLAN CONJUNTO DE OPERACIONES DE DETECCIÓN DE MATERIAL NUCLEAR Y OTRO MATERIAL RADIACTIVO NO SOMETIDO A CONTROL REGLAMENTARIO

II-1. Para organizar operaciones de detección en la esfera de la seguridad física nuclear en las que intervienen varias autoridades competentes en el interior de un Estado, el plan conjunto de operaciones de detección de material nuclear y otro material radiactivo no sometido a control reglamentario estructura la coordinación de las funciones, responsabilidades y facultades y el concepto de operaciones de las distintas autoridades. En el cuadro II-1 figura un ejemplo de la estructura y los elementos principales de un plan conjunto de operaciones de detección.

CUADRO II-1. EJEMPLO DE LOS ELEMENTOS DE UN PLAN CONJUNTO DE OPERACIONES DE DETECCIÓN DE MATERIAL NO SOMETIDO A CONTROL REGLAMENTARIO

Sección	Finalidad
Portada	Indica el título del plan, la fecha de aprobación y el número de versión, y contiene las firmas de los representantes de las autoridades competentes participantes.
Índice	Presenta la estructura del plan y ofrece una visión general de este.
Introducción	Indica la finalidad y el alcance del plan, incluidos el mandato para su elaboración, las autoridades competentes participantes, las definiciones de los términos utilizados en el plan y una lista de los planes conexos de las autoridades competentes participantes.
Consideraciones en materia de planificación	Describe las actividades preparatorias y el proceso para evaluar las prioridades para la gestión de posibles incidentes y sucesos relacionados con la seguridad física nuclear. Esta sección también incluye lo siguiente:

CUADRO II-1. EJEMPLO DE LOS ELEMENTOS DE UN PLAN CONJUNTO DE OPERACIONES DE DETECCIÓN DE MATERIAL NO SOMETIDO A CONTROL REGLAMENTARIO (cont.)

Sección	Finalidad
	a) la especificación de los posibles escenarios de detección en el interior del Estado que requieran operaciones conjuntas, lo que incluye indicar adversarios, tácticas y materiales de interés probables;
Consideraciones en materia de planificación (cont.)	b) una descripción de los recursos que han de desplegarse para implementar las operaciones conjuntas, incluidas la cantidad de personal y de equipo y las necesidades de capacitación; c) la especificación de la facultad legal en virtud de la cual pueden realizarse las operaciones conjuntas; d) la especificación de las fuentes de financiación para las operaciones conjuntas.
Coordinación y comunicación	Describe la cadena de mando y los mecanismos de coordinación y comunicación entre todas las autoridades competentes participantes, como los siguientes: a) la interrelación con el órgano regulador nacional y los operadores de las instalaciones donde se utiliza, procesa o almacena material nuclear u otro material radiactivo; b) la interrelación con las autoridades nacionales de respuesta para localizar y recuperar material nuclear y otro material radiactivo no sometido a control reglamentario; c) la interrelación con las autoridades competentes responsables de los exámenes criminalísticos nucleares; d) una descripción de las políticas y protocolos de seguridad física de la información; e) la estrategia de comunicación con el público y los medios de comunicación.

CUADRO II-1. EJEMPLO DE LOS ELEMENTOS DE UN PLAN CONJUNTO DE OPERACIONES DE DETECCIÓN DE MATERIAL NO SOMETIDO A CONTROL REGLAMENTARIO (cont.)

Sección	Finalidad
Concepto de operaciones	Ofrece una descripción del concepto de operaciones y de los procedimientos operacionales normalizados para posibles tipos de operaciones conjuntas. El concepto de operaciones suele incluir lo siguiente: a) las metas y los resultados funcionales del proceso de detección; b) las políticas y limitaciones existentes que afectan a las operaciones; c) las actividades e interacciones entre las partes interesadas para la atribución de alarmas.
Funciones y responsabilidades	Describe las funciones, responsabilidades y esferas de competencia de cada autoridad competente que interviene en una operación. Define la autoridad competente principal respecto de cada tipo de operación conjunta.
Necesidades operacionales	Aclara las necesidades para realizar operaciones de detección en el interior de un Estado e incluye lo siguiente: a) la solución de controversias; b) la estructura de mando conjunta; c) la transferencia del mando; d) las actividades de inteligencia; e) la detección; f) la solicitud de respuesta y la evaluación del tiempo de respuesta; g) la difusión de información.

CUADRO II-1. EJEMPLO DE LOS ELEMENTOS DE UN PLAN CONJUNTO DE OPERACIONES DE DETECCIÓN DE MATERIAL NO SOMETIDO A CONTROL REGLAMENTARIO (cont.)

Sección	Finalidad
Examen y sostenibilidad del plan	Detalla el mecanismo de examen y mantenimiento del plan y abarca consideraciones relativas a su sostenibilidad, entre las que se incluyen las siguientes: a) el plazo normal para llevar a cabo los exámenes; b) el examen y la actualización periódicos de la evaluación de amenazas y del riesgo; c) el proceso para acordar la introducción de cambios o modificaciones en las necesidades operacionales, documentarlos y difundirlos; d) la evaluación de las necesidades de capacitación y de recursos humanos y financieros; e) el mantenimiento del equipo; f) la evaluación del plan, incluidos los ejercicios conjuntos.
Apéndices	Incluye elementos que complementan el plan, como los siguientes: a) los planes o protocolos de coordinación; b) los planes o protocolos subordinados.

Anexo III

ALERTAS INFORMATIVAS PROCEDENTES DE LA VIGILANCIA MÉDICA

III-1. Los cuerpos del orden y los profesionales sanitarios tienen acceso a información que se podría transmitir a otras autoridades competentes y partes interesadas para prevenir o detectar actos delictivos u otros actos intencionales no autorizados relacionados con material nuclear y otro material radiactivo no sometido a control reglamentario.

III-2. Cuando los cuerpos del orden posean información sobre posibles incidentes relacionados con material nuclear y otro tipo de material radiactivo no sometido a control reglamentario, han de notificarlo a los hospitales y a los servicios de salud de urgencia. Cuanto más sepan los profesionales sanitarios sobre la amenaza, más probable será que detecten indicios de lesiones o actividades sospechosas vinculadas con un posible suceso relacionado con la seguridad física nuclear.

III-3. Los profesionales sanitarios (por ejemplo, el personal médico, de enfermería y de los servicios de salud de urgencia) podrían ser los primeros en tener conocimiento de un posible suceso relacionado con la seguridad física nuclear mientras desempeñan sus actividades cotidianas, si hallan pacientes que presentan síntomas de exposición a la radiación.

III-4. Para que la comunicación de la información entre los cuerpos del orden y los profesionales sanitarios sea eficaz, es necesario elaborar protocolos de comunicación y ponerlos en conocimiento de todas las partes. Es fundamental establecer protocolos de este tipo para que la información se intercambie de forma oportuna. El objetivo es comunicar la información en una fase temprana, de ser posible antes de determinar si ha tenido lugar un acto delictivo o un acto intencional no autorizado. Como parte del proceso de comunicación, se ha de comprender cuáles son las necesidades de información de cada parte y qué tipo de información recibe cada una y por qué.

III-5. Las autoridades han de dejar constancia por escrito del proceso de comunicación, y posibilitar el intercambio de información entre todas las entidades o partes y velar por que el proceso esté en consonancia con la legislación nacional. La información ha de comunicarse solo en los casos en que sea esencial conocerla, utilizando canales de comunicación predefinidos y protegidos y los puntos de contacto establecidos.

III-6. Al establecer protocolos de comunicación es importante tener en cuenta que los datos médicos suelen estar protegidos por la legislación nacional que vela por la confidencialidad de los pacientes, por lo que se trata de información confidencial. En la legislación se pueden contemplar exenciones, que permitan al personal de los cuerpos del orden, las fiscalías o los organismos de seguridad acceder a los datos médicos por razones concretas, como la investigación en curso de un posible suceso relacionado con la seguridad física nuclear o la protección de la salud y la seguridad del público. Sin embargo, la responsabilidad jurídica por divulgar datos médicos o información sobre los pacientes sin su consentimiento puede seguir siendo motivo de preocupación para los profesionales sanitarios.

III-7. Se han que elaborar disposiciones para compartimentar la información potencialmente confidencial de que dispone el personal médico, que no posee autorización de seguridad, que atiende a pacientes que podrían estar vinculados con un suceso relacionado con la seguridad física nuclear.

FSC
www.fsc.org
MIX
Papier | Fördert
gute Waldnutzung
FSC® C083411

Zeitfracht Medien GmbH
Ferdinand-Jühlke-Straße 7
99095 Erfurt, Deutschland
produktsicherheit@kolibri360.de